二战兵器图鉴系列

单兵利刃

——二战德军单兵武器装备

第二版

郭栋◎主编

化学工业出版社

·北京·

本书在第一版的基础上详细介绍了二战时期德军所使用的各种单兵武器装备，包括枪械、弹药、手榴弹、轻型反坦克武器、火焰喷射器、军服、徽章、标志、单兵口粮和战地用具等，对每种武器装备的研发历史、作战性能和实战表现等都进行了全面剖析。此外，还加入了不少与之相关的趣闻和知识链接，增强了本书的趣味性。

本书不仅是广大青少年朋友学习军事知识的不二选择，也是资深军事爱好者收藏的绝佳对象。在深入了解二战德军编制情况以及每种装备的诞生背景、内在构造和实用性能等方面，有较强的现实意义和史学价值。

图书在版编目（CIP）数据

单兵利刃：二战德军单兵武器装备/郭栋主编. —2版.
北京：化学工业出版社，2017.10（2023.1重印）
（二战兵器图鉴系列）
ISBN 978-7-122-30446-9

Ⅰ. ①单… Ⅱ. ①郭… Ⅲ. ①第二次世界大战-轻武器-介绍-德国 Ⅳ. ①E922

中国版本图书馆CIP数据核字（2017）第195826号

责任编辑：徐　娟　　　　装帧设计：韩　飞
责任校对：宋　夏

出版发行：化学工业出版社（北京市东城区青年湖南街13号　邮政编码100011）
印　　装：大厂聚鑫印刷有限责任公司
710mm×1000mm　1/16　印张12　字数210千字　　2023年1月北京第2版第4次印刷

购书咨询：010-64518888　　　　售后服务：010-64518899
网　　址：http://www.cip.com.cn
凡购买本书，如有缺损质量问题，本社销售中心负责调换。

定　　价：53.00元

FOREWORD
前言

第二次世界大战（以下简称二战）是一次自1939年至1945年所爆发的全球性军事冲突，这次战争是人类历史上最大规模的战争，整整有1亿多名军事人员被动员并参与这次军事冲突。主要参战国纷纷宣布进入总体战状态，几乎将自身国家的全部国力悉数应用于战争之上，同时也将民用与军用的资源合并以方便统筹规划。

德国是二战的发起者，同时也是轴心国一方的核心力量。在战争前期，德军充分利用飞机、坦克的快捷优势，以突然袭击的方式制敌取胜，在短时间内击溃了波兰、丹麦、挪威、荷兰、比利时和法国等国。事实上，二战期间德军不仅配备了性能优良的重武器，在单兵武器装备方面也具备一定的优势。这些装备是德军在战争之初肆虐无忌的凭借，也是纳粹在战争后期负隅顽抗的倚仗。

因篇幅限制，本书第一版尚有部分枪械和非枪械武器未曾收录，第二版对此特意进行了补充，对每种武器装备都全面剖析了研发生产、构造性能和装备服役等知识。除了补充遗漏的武器，第二版还替换了部分图片资料。通过阅读本书，读者会对二战时期的德军单兵武器装备有一个全面和系统的认识，并对这场人类历史上最大规模的战争有一个全新的感悟。

作为传播军事知识的科普读物，最重要的就是内容的准确性。本书的相关数据资料均来源于国外知名军事媒体和军工企业官方网站等权威途径，坚决杜绝抄袭拼凑和粗制滥造。在确保准确性的同时，我们还着力增加趣味性和观赏性，尽量做到将复杂的理论知识用简明的语言加以说明，并添加了大量精美且罕见的图片资料。因此，本书不仅是广大读者朋友学习军事知识的不二选择，也是军事爱好者收藏的绝佳对象。

参加本书编写的有郭栋、丁念阳、杨淼淼、黎勇、王安红、邹鲜、李庆、王楷、黄萍、蓝兵、吴璐、阳晓瑜、余凑巧、余快、任梅、樊凡、卢强、席国忠、席学琼、程小凤、许洪斌、刘健、王勇、黎绍美、刘冬梅、彭光华、邓清梅、何大军、蒋敏、雷洪利、李明连、汪顺敏、夏方平等。在编写过程中，国内多位军事专家对全书内容进行了严格的筛选和审校，使本书更具专业性和权威性，在此一并表示感谢。

由于时间仓促，加之军事资料来源的局限性，书中难免存在疏漏之处，敬请广大读者批评指正。

编者

2017年7月

FOREWORD
第一版前言

第二次世界大战（以下简称二战）是1939～1945年所爆发的全球性军事冲突。整场战争涉及全球绝大多数的国家以及所有的大国，最终分成了两个彼此对立的军事同盟——同盟国和轴心国。这次战争是人类历史上最大规模的战争，超过1亿名的军事人员被动员并参与这次军事冲突。主要的参战国纷纷宣布进入总体战争状态，几乎将自身国家的经济、工业和科学技术悉数应用于战争之上，同时也将民用与军用的资源合并以方便统筹规划。

德国是二战的发起者，同时也是轴心国一方的核心力量。在战争前期，德军充分利用飞机、坦克的快捷优势，以突然袭击的方式制敌取胜，在短时间内击溃了波兰、丹麦、挪威、荷兰、比利时和法国等国。事实上，二战期间德军不仅配备了性能优良的重武器，在单兵武器装备方面也具备了一定的优势，拥有许多划时代的轻武器和单兵装备。这些武器装备是德军在战争之初肆虐无忌的凭借，也是德军在战争后期负隅顽抗的倚仗。

本书详细介绍了二战时期德军所使用的各种单兵武器装备，包括枪械、弹药、手榴弹、轻型反坦克武器、火焰喷射器、军服、徽章、标志、单兵口粮和战地用具等。对每种武器装备都全面讲解了其研发历史、作战性能和实战表现等知识，读者可以深入了解该装备的诞生背景、构造、性能，以及在战争中所起到的作用等。通过阅读本书，读者会对二战时期的德军单兵武器装备有一个全面和系统的认识，并对这场人类历史上最大的战争有一个全新的感悟。

作为传播军事知识的科普读物，最重要的就是内容的准确性。本书的相关数据资料均来源于国外知名军事媒体和军工企业官方网站等权威途径，坚决杜绝抄袭拼凑和粗制滥造。在确保准确性的同时，我们还着力增加趣味性和观赏性，尽量做到将复杂的理论知识用最简明的语言加以说明，并添加了大量精美的图片。因此，本书不仅是广大青少年朋友学习军事知识的不二选择，也是供资深军事爱好者收藏的绝佳对象。

参加本书编写的有丁念阳、黎勇、王安红、邹鲜、李庆、王楷、黄萍、蓝兵、吴璐、阳晓瑜、余凑巧、余快、任梅、樊凡、卢强、席国忠、席学琼、程小凤、许洪斌、刘健、王勇、黎绍美、刘冬梅、彭光华。在编写过程中，国内多位军事专家对全书内容进行了严格的筛选和审校，使本书更具专业性和权威性，在此一并表示感谢。

由于时间仓促，加之军事资料来源的局限性，书中难免存在疏漏之处，敬请广大读者批评指正。

2015年是二战胜利70周年，仅以此套丛书献给为了人类的正义而浴血奋战过的反法西斯英雄们！

编者

2014年7月

CONTENTS

目 录

★ 第2章 枪林弹雨——枪械和弹药 /26

第1章

轴心主力

——二战德军漫谈

第二次世界大战（以下简称二战）是人类历史上规模最大的战争，对世界发展产生了重大而又深远的影响。德国作为轴心国一方的主要力量，在战争中投入了大量的人力和物力。本章主要讲解二战期间德国武装力量（以地面部队为主）的相关情况，并介绍了当时德国最重要的几大单兵武器装备制造商。

1.1 二战德国军事力量概览

1.1.1 德国国防军

二战期间，德国的正式军事力量称为德国国防军（Wehrmacht），这是战争期间德国最重要的武装力量。德国国防军的前身为1921年1月1日成立的德国防卫军（Reichswehr），1935年10月15日正式更名为德国国防军。德国国防军有国防军陆军（Heer）、国防军海军（Kriegsmarine）和国防军空军（Luftwaffe）三大军种，总人数约2000万，其中陆军的规模最大，占国防军总人数的四分之三。

⊕ 德国国防军陆军、海军和空军的标志

⊕ 瓦尔特・冯・布劳希奇（左）和希特勒（右）在华沙

国防军最高统帅部（Oberkommando der Wehrmacht，简称OKW）是德国国防军的最高指挥机关，下设陆军总司令部（Oberkommando des Heeres，简称OKH）、海军总司令部（Oberkommando der Marine，简称OKM）、空军总司令部（Oberkommando der Luftwaffe，简称OKL）。二战期间，阿道夫・希特勒（Adolf Hitler，1889年4月20日～1945年4月30日）担任德国国防军总司令，其自杀后由卡尔・邓尼茨（Karl Doenitz，1891年9月16日～1980年12月24日）接任。由于希特勒喜欢干涉陆军事物，导致

㊉ 德国陆军士兵在苏联境内行军

㊉ 风雪中的德国士兵

国防军最高统帅部总是跳过国防军陆军总司令部直接指挥陆军，甚至在1941年后全盘接手了东线指挥权。而海军、空军为技术专业军种，在作战指挥上受希特勒的影响相对较小。

1938～1942年期间，国防军陆军总司令为瓦尔特·冯·布劳希奇（Walther von Brauchitsch，1881年10月4日～1948年10月18日），1942～1945年期间则由希特勒亲自兼任。在希特勒发动的侵略战争中，国防军陆军一直充当“急先锋”的角色，使用“闪电战”战术在国防军空军的配合下以突袭的方式制敌取胜。

1939～1943年期间，德国国防军海军总司令为埃里希·雷德尔（Erich Raeder，1876年4月24日～1960年11月6日），1943～1945年期间改为卡尔·邓尼茨。由于希特勒认为水面舰艇建造速度慢且战果较小，而潜艇建造速度快且在战争中有奇效，所以国防军海军的重心在潜艇部队，U型潜艇曾在大西洋上嚣张一时。与之相比，水面舰队的战果寥寥可数。

㊉ 埃里希·雷德尔戎装照

㊉ 卡尔·邓尼茨戎装照

卡尔·邓尼茨检阅海军潜艇部队

德国士兵穿过凯旋门

德国国防军空军于1935年德国撕毁了《凡尔赛条约》后正式成立，总司令是与希特勒关系极为亲密的赫尔曼·戈林（Hermann Göring，1893年1月12日～1946年10月15日）。在二战爆发时，德国国防军空军堪称当时世界上装备最先进和战斗经验最丰富的一支空军，在战争初期德军发动的“闪电战”中起到了非常重要的作用。到了战争中后期，英国、苏联和美国等同盟国空军逐渐扭转了局势，德国国防军空军的力量持续被削弱，到了1944年中期基本上已消失。

1.1.2 武装党卫军

武装党卫军（Die Waffen Schutzstaffel，简称Waffen-SS）是德国党卫队领导的嫡系部队，由党卫队特别机动部队（SS-Verfügungstruppe，简称SSVT）发展而来，其象征性的最高指挥官为党卫队首领海因里希·希姆莱（Heinrich Himmler，1900年10月7日～1945年5月23日）。

党卫队（Schutzstaffel，简称SS）亦称党卫军，是德国纳粹党中用于执行治安勤务的编制之一，1925年4月成立。在成立初期，党卫队隶属于恩斯特·罗姆领导的冲锋队，仅仅作为

臭名昭著的海因里希·希姆莱

希特勒视察党卫军

党卫队机械化部队

希特勒的卫队和对付政敌的工具而存在，规模很小。直到1929年1月由希姆莱领导后，党卫队才有了较大的发展，到1933年初已发展至5万余人。1934年6月30日，冲锋队领袖罗姆及其亲信在“长刀之夜”被处决以后，党卫队在纳粹恐怖组织中起主导作用，由希特勒重新掌管。1935年3月16日，德国恢复义务征兵制，希特勒下令成立完全军事化的党卫队组织，也就是党卫队特别机动部队。1940年，党卫队特别机动部队改称“武装党卫军”。在鼎盛时期，武装党卫军拥有38个师和其他小型单位，涵盖装甲师、装甲掷弹兵、骑兵、步兵、山地步兵和警察部队等。

1.1.3 冲锋队

冲锋队（Sturmabteilung，简称SA）是希特勒于1923年创立的准军事组织，负责人为恩斯特·罗姆（Ernst Röhm，1887年11月28日～1934年7月2日），因队员穿褐色制服，又被称为褐衫队。

冲锋队的标志

在成立之初，冲锋队主要从事破坏革命运动、冲击其他党派群众集会及进行街头殴斗等活动，并参加了1923年11月8日的啤酒馆暴动。希特勒被捕后，冲锋队被迫解散。1924年12月20日希特勒出狱后，委托罗姆重建冲锋队。不过，两人在冲锋队的性质及与纳粹党的关系上意见不合，罗姆在多次争吵后出走并加入玻利维亚军队。1930年底，罗姆重新被委任为冲锋队头目，党卫队也隶属于冲锋队。希特勒执政后，戈林宣布冲锋队为辅助警察，其规模不断扩大，甚至超过了德国国防军的人数。

狂热的冲锋队成员

德国国防军对冲锋队深感忌惮，双方的矛盾不断加剧。1934年2月28日，希特勒召集国防军和冲锋队首脑会谈，议定国防军是第三帝国的正式军事力量，冲锋队则负责入伍前的青年和退伍军人的军事训练。以罗姆为代表的冲锋队上层对这种结果非常抵触，他们主张实行“第二次革命”。随后，柏林、汉堡、埃森、弗赖堡等地的冲锋队员发生骚动。希特勒因无法控制冲锋队的街头暴力并视之为对权力的威胁，故欲除去冲锋队及其领导者罗姆。1934年6月30日夜，罗姆和150多名冲锋队头目被枪决。之后，冲锋队成为普通国民组织。二战期间，冲锋队负责维护德国本土与一部分占领区，1945年战争结束后被解散。

1.1.4 希特勒青年团

希特勒青年团（Hitler-Jugend，简称HJ）是德国纳粹党于1922年3月8日设立的青年组织，1933年后推行至全国，并成为该时期德国唯一的青年组织。希特勒青年团按年龄和性别分为三个组织，其构成主体为14～18岁的男性青年。10～14岁的男孩加入其附属的德国少年团，14岁后加入希特勒青年团。10～14岁的女孩加入其附属的青少女联盟，14岁后加入德国女青年联盟。

1933年5月1日柏林的希特勒青年团成员

希特勒青年团的任务是对德国青少年进行军事训练，为德国的对外战争做准备，并为纳粹党提供后备党员。希特勒青年团分为7个地区：中部、北部、东部、南部、西部、奥地利地区、苏台德地区。下分为35个大区，组织结构自上向下为：地区（12000 ～ 18000人）、大区（2400 ～ 3600人）、分区（600 ～ 800人）、分部（150 ～ 190人）、支部（50 ～ 60人）、小组（10 ～ 15人）。

1936年后，希特勒青年团变成一个强制性组织，所有青年德国男性都要加入。到了1940年，希特勒青年团变为可以执行战斗任务的辅助军，同时也会参与邮政局、铁路、消防局、电台和防空炮部队的工作。1943年，德国领导人开始把希特勒青年团变成后备军去补充前线大量的伤亡。党卫军第12希特勒青年团装甲师的骨干便是以希特勒青年团16 ～ 18岁的团员组成，这是一支有完善装备的党卫军装甲师，以杀戮和狂热而闻名。到1945年，12岁以上的团员都要征召入伍。柏林战役期间，希特勒青年团组成了柏林最后一条防线。

希特勒青年团成员正在进行射击训练

1.2 二战德国义务兵役法

1933年，希特勒上台后就立即秘密重整军备。1935年3月16日，希特勒在柏林颁布了《国防法》公开违反《凡尔赛条约》的军事条款，宣布国防军实行普遍义务兵役制，建立一支在和平时期为36个师的德国陆军。同年5月，颁布《兵役法》，规定18 ～ 45岁的德国公民要服兵役，由此进入了更紧张的扩军时期。根据《兵役法》，义务兵的服役期为一年。1936年8月24日，对于1935年秋季入伍的义务兵，服役期延长至两年，同时适用于一年期兵役制的津贴条令失效，换以新的标准。

1935年秋季入伍的新兵主要为1914年次，其次是1915年次、1916年次和1917年次。而参加过一战，重新入役的“老”新兵，最年轻的为1900年次。1900 ～ 1914年之间出生的兵源由于没有接受过军事训练或准军事训练而被称作“空白”兵源。为了在战争中有效利用“空白年份”出生的兵源，军方专门针对其而组建了补充兵部队。在补充兵部队中，“空白”兵源可接

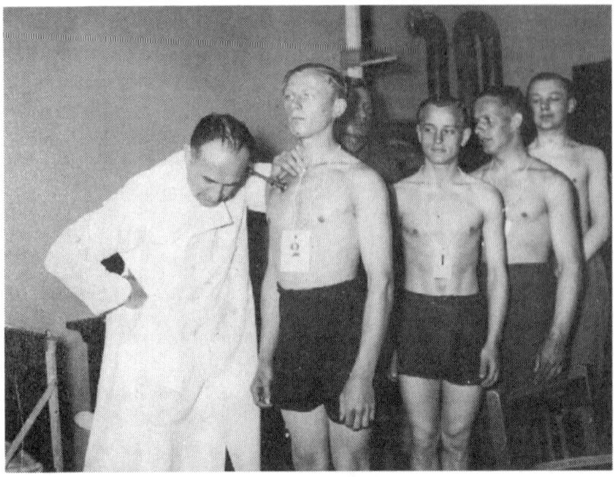

㊉ 正在进行体检的德军新兵

受2～3个月的短期训练。从1936年开始，1913年出生的兵源加入现役，1937年时，现役部队中已经有了1912年、1908年甚至更早的“空白年份”出生的兵源。

新兵入伍后，首先要接受8～12周的基础综合训练，内容包括：武器及射击训练（所有应征新兵至少接受Kar98k步枪的使用训练，条件许可的情况下也接受手枪和手榴弹使用训练）、战术训练（包括掩蔽、徒步行军和固定阵地防御训练）、警戒训练（化学武器条件下的战斗训练）、队列训练和体能训练等。

基础综合训练之后就是兵种专业训练，如步兵战术训练、火炮射手训练、坦克炮长训练等。其中，步兵兵种专业训练包括以下内容：轻机枪射击训练（后期还进行冲锋枪射击训练）、各种战场条件下的步兵班战术训练、侦察训练、前哨训练、行军尖兵训练、工事和掩体修造挖掘训练。其他必要的特别训练在兵种专业训练前或同时进行，内容通常包括驾驶训练、炮手训练（炮兵、坦克兵以及迫击炮兵）、重机枪射击训练、通信器材使用训练等。

在服役期间，新兵们每年还要进行至多两次演习，每次演习持续2～4周。演习开始时间不定，但通常在秋季，也就是说在士兵的第一个和第二个服役年末期进行。表现良好的士兵可在第一个服役年满时被提升为二等兵，第二个服役年满时可被提升为上等兵，同时接受班长训练。在两年服役期内，士兵也可接受候补军官训练，但候补军官训练期不计入总服役时间。

㊉ 战争后期入伍参军的德国女青年

1.3 二战德军地面部队编制

二战中，德军地面部队在德国的侵略战争中起到的作用最为巨大，其编制随着战争形势的变化而不断改变。总体来说，在战争初期，其装备较为精良，作战能力也较强。不过到战争中后期，盟军逐渐扭转了局势，并最终击败德军获得胜利。

1.3.1 步兵班编制

步兵班是德国陆军的基层单位，其人员编制为1名士官和9名士兵。尽管步兵班的标准编制为10人，但德军的兵源在1942年以后逐渐减少，无法有效补充前线部队的伤亡，因此德军步兵班的战斗人员实际在5～6人之间。整个步兵班基本上是以1挺班用机枪为核心，加上一定数量的步枪来协助机枪发挥火力。

班长通常由士官出任，其个人武器最初是Kar98k步枪，1941年后改为MP38冲锋枪。班长个人携带2个冲锋枪弹袋，每个弹袋中有3个32发子弹的弹匣。

除班长外，余下的战斗人员分为机枪组和步枪组。其中，正常编制下的机枪组共有3人，包括机枪射手、副射手和替补人员。机枪射手的主要武器是1挺通用机枪（早期是MG34，后期是MG42），配备50发弹带（或弹鼓），另有1把手枪（早期是鲁格P08，后期是瓦尔特P38）作为个人自卫武器。另外，机枪射手还带有简易的修护工具、备用零件和清枪工具，以保证步兵班火力的稳定性；副射手通常负责供弹和更换枪管，而当机枪射手无法作战时，就必须及时替补。副射手通常携带4个50发弹鼓、一个300发的弹箱和两根预备枪管，个人自卫武器也是一把手枪；机枪组中的替补人员在其他两人出现伤亡时，也要及时替补，他除了携带一支Kar98k步枪外，还要负责携带2个300发的弹箱。

步枪组共有6人，其中包括组长1人，每人在腰部的弹袋中携带90发子弹（每个弹夹5发）和2～3枚手榴弹。

⊕ 德军步兵班中的班用机枪

1.3.2 步兵排编制

步兵排包括排长、排部、4个步兵班、迫击炮组和驾驶兵。步兵连各排的排长不一定由军官出任，通常只有第一排的排长是军官，其他各排的排长都是由资深士官出任。

排部包括1名排长（携带冲锋枪）、3名传令兵（第三名传令兵在战争中后期携带步枪狙击镜）和1名医务兵。战争初期，排部除了个人携行装备外，还要携带信号枪、信号旗和信号手电筒。信号旗和信号手电筒很快就被发现用处不大，但是信号枪的用途却越来越广，除了做识别、指示、照明外，信号枪还被拿来对付机枪巢、炮阵地、碉堡等目标。

迫击炮组包括1名组长和2名炮手，组长除了携带1支步枪外，还装备有望远镜、3支标杆和10发炮弹。第一名炮手携带手枪和底座，第二名炮手携带手枪和炮管，两名炮手携带的底座和炮管都是背在背上，双手则各提1个10发的弹药箱，因此迫击炮组的总携行弹数为50发。

步兵排内设有1名驾驶兵和1辆由两匹马拖曳的标准军用马车（HF1）。1939～1941年间，部分单位还配备了由4匹马拖曳的钢制马车，后来在东线因为这种钢制马车太重，很快就被淘汰。随着战争的进行，标准HF1马车逐渐为各单位自行在战地征收的各式马车所取代。在一般行军运动时，除了个人携行武器之外，包括机枪、迫击炮、弹药和各式各样的器具、物资都是放在马车上，而一旦进入作战地区后，所有的东西都卸下由个人携行，而排用马车则编入连补给列。

德军步兵排正在苏联境内行军

1.3.3 步兵连编制

步兵连包括连长、连部、3个步兵排、反战车组、补给纵列、军需单位Ⅰ（Commissary Ⅰ，Ⅵtrain）、军需单位Ⅱ（Commissary Ⅱ，Ⅶtrain）、行李纵列。

在战争初期，连长通常由少校或是上尉担任，但随着战争的进行，德军的军官伤亡逐渐加大，连长也渐渐改由中尉或是少尉担任。连部共有10人，包括连士官长、4个传令兵（1个兼任军号手）、2个自行车传令兵、1个马夫、

1个军医士官和1个医务兵。连部里的传令兵除了执行传令工作外，还要负责对空指示工作；反战车组由1名士官担任组长，下辖3个战车猎杀小组。战车猎杀小组每组2人，枪手负责携带反坦克枪，副枪手携带两个10发弹匣。

㊤德军步兵正在学习反坦克武器的操作方法

步兵连的总人数为201人，包括军官2人、士官21人、士兵178人，其中战斗人员共有176人。在部队机动期间，补给纵列与军需单位Ⅰ由营后勤官统一管制，军需单位Ⅱ与行李纵列由团后勤官统一管制；在阵地战期间，各非战斗单位则停留在连阵地后方3000～5000米的地带。

㊤德军步兵正在行军

步兵连的武器包括手枪44支、冲锋枪16支、轻机枪12支、步枪130支、反坦克枪3支、轻型迫击炮3门、乘马1匹、马车13～18架、自行车8辆、摩托车1辆、摩托车（附挂边车）1辆、卡车3辆。

1.3.4 步兵师编制

二战初期，德国老编制的步兵师人数较多，共计约有17200人，辖有师部、3个步兵团、炮兵团、侦察营、通信营、反坦克营、工兵营以及师辎重队。

师部有158人，配有轻机枪2挺，摩托17辆，轮式车辆31辆。

每个步兵团约有3250人，配有轻机枪123挺，重机枪36挺，反坦克枪27支，75毫米反坦克炮12门，50毫米迫击炮27门，81毫米迫击炮18门，75毫米leIG18型轻步兵炮6门，150毫米SIG33重步兵炮2门，摩托车47辆，轮式车辆73辆，马车210辆，马683匹。

炮兵团约有2500人，配有轻机枪32挺，105毫米榴弹炮36门，105毫米火炮4门，150毫米榴弹炮8门，摩托车40辆，轮式105辆，马车229辆，马2274匹。

⊙德军步兵进入作战阵地

侦察营约有625人，配有轻机枪25挺，重机枪8挺，75毫米反坦克炮3门，20毫米防空炮3门，50毫米迫击炮3门，81毫米迫击炮4门，75毫米leIG18型轻步兵炮2门，装甲车3辆，摩托车45辆，轮式车辆30辆，马车3辆，马213匹。

通信营有474人，配有轻机枪17挺，摩托车32辆，轮式车辆103辆，马车7辆，马52匹；反坦克营约有550人，配有轻机枪18挺，75毫米反坦克炮36门，摩托车45辆，轮式车辆114辆；工兵营约有843人，配有轻机枪34挺，反坦克枪9支，火焰喷射器20支，摩托车44辆，轮式车辆87辆，马车19辆，马52匹；师辎重队约有2300人，配有轻机枪30挺，20毫米防空炮8门，摩托车88辆，轮式车辆253辆，马车245辆，马735匹。

⊙德军步兵正在作战

1.3.5 摩托化步兵连编制

1941年，德军步兵正处于兵强马壮的巅峰时刻，战斗力较强。以下是当年11月1日德军发布的摩托化步兵连C型编制。

连长（Officer as Company Commander）1名，配备手枪和冲锋枪

连部（Company Headquarters）

连部组（Headquarters Section）

连部组长（NCO as Headquarters Section Leader）1名，配备步枪

车辆士官（Motor Vehicle NCO）1名，配备步枪

医疗士官（Medic NCO）1名，配备手枪

传令兵/号手（Messenger/Bugler）1名，配备步枪

传令兵（Messengers）2名，配备步枪

摩托车传令兵（Messengers on Motorcycles）3名，配备步枪

摩托车（附挂边车）传令兵（Messengers on Motorcycles with Sidecar）

2名，配备步枪

无线电操作兵（Radio Operators）2名，配备步枪

担架兵（Stretcher Bearer）1名，配备步枪

车辆驾驶兵（Motor Vehicle Drivers）2名，配备步枪

连部组配属：中型越野车1辆、3吨人员敞篷卡车1辆、摩托车3辆、摩托车（附挂边车）2辆

反战车班（Antitank Section）

反战车班长（NCO as Section Leader）1名，配备步枪

反坦克枪炮手（Antitank Rifle Gunners）4名，配备步枪

反坦克枪助手（Antitank Rifle Assistant Gunners）3名，配备步枪

弹药兵（Ammunition Bearers）4名，配备步枪

反战车班配属：反坦克枪1支、28毫米反坦克炮1门

战斗组–后勤（Combat Trains）

连士官长（Senior NCO as First Sergeant）1名，配备手枪

战斗组长（NCO as Trains Leader）1名，配备步枪

军械士官（Equipment NCO）1名，配备步枪

主厨士官（NCO as Chief Cook）1名，配备步枪

助理军械兵（Assistant Armorer）1名，配备步枪

伙房兵兼车辆警卫（Cook & Motor Vehicle Escort）1名，配备步枪

车辆驾驶兵（Motor Vehicle Drivers）3名，配备步枪

油料兵兼车辆警卫（Fuel Handler & Motor Vehicle Escort）1名，配备步枪

战斗组–后勤配属：轻型车1辆、3吨野战厨房敞篷卡车1辆、1.5吨油料军械敞篷车1辆

保修班（Maintenance Section）

技工长/保修班长（Senior NCO as Master Mechanic/Section Leader）1名，配备手枪

车辆技工（Motor Mechanic）1名，配备步枪，骑乘摩托车（附挂边车）

车辆技工（Motor Mechanic）1名，配备步枪

车辆技工兼车辆驾驶（Motor Mechanic/Motor Vehicle Driver）1名，配备步枪

保修班配属：摩托车（附挂边车）1辆、轻型保修越野卡车1辆

行李组–总务（Baggage Trains）

行李士官兼总务（NCO in Charge of Baggage/Clerk）1名，配备步枪

总务（Clerk）1名，配备步枪

栽缝（Tailor）1名，配备步枪

鞋匠兼车辆警卫（Cobbler/Motor Vehicle Escort）1名，配备步枪

车辆驾驶（Motor Vehicle Driver）1名，配备步枪

行李组–总务配属：3吨行李军械敞篷卡车1辆

步枪排（Rifle Platoons）（一共3个，每排配置如下）

排长（Officer as Platoon Leader）1名，配备手枪和冲锋枪

排部（Platoon Headquarters）

排士官长（Senior NCO as Platoon Headquarters Section Leader）1名，配备手枪

传令兵兼号手（Messenger/Bugler）1名，配备步枪

传令兵（Messengers）2名，配备步枪

摩托车传令兵（Messenger on Motorcycle）1名，配备步枪

担架兵（Stretcher Bearer）1名，配备手枪

排部配属：轻机枪2挺（预备）、摩托车1辆

步枪班（Rifle Squads）（一共4个，每班配置如下）

士官班长（NCO Squad Leader）1名，配备冲锋枪

机枪兵（MG Gunner）1名，配备手枪

助理机枪兵（Assistant MG Gunner）1名，配备手枪

步枪兵（Rifleman）7名，配备步枪

步枪班配属：轻机枪1挺、3吨人员敞篷卡车1辆

迫击炮组（Light Mortar Section）

炮手士官组长（NCO as Mortar Section Leader and Gunner）1名，配备步枪

助理炮手（Assistant Gunners）2名，配备步枪

迫击炮组配属：50毫米轻型迫击炮1门

总计：军官4名、士官28名、士兵177名；步枪45支、手枪52支、冲锋枪16支、轻机枪18挺（其中2挺为预备而无人员操作）、轻型迫击炮3门、反坦克枪3支、反坦克炮1门；车辆19辆、摩托车6辆、摩托车（附挂边车）3辆。

↑ 波兰战役里的德军摩托化步兵

1.3.6 国防军装甲师编制

国防军装甲师编有约13725人，下辖师部、2个步兵团、装甲炮兵团、装甲团、侦察营、通信营、防空营、反坦克营、工兵营和师辎重队等。

师部有军官32名，军士31名，士兵78名。装备步枪95支，手枪44支，冲锋枪3支，轮式车辆32辆，摩托车8辆。

摩托化步兵团有军官61名，军士410名，士兵1787名。装备步枪1449支，手枪574支，冲锋枪235支，轻机枪144挺，重机枪26挺，81毫米迫击炮14门，120毫米迫击炮8门，火焰喷射器18具，20毫米防空炮12门，150毫米自行重步兵炮6门，轮式车辆380辆，摩托车83辆。

机械化步兵团有军官64名，军士436名，士兵1794名。装备步枪1373支，手枪595支，冲锋枪336支，轻机枪224挺，重机枪26挺，81毫米迫击炮14门，120毫米迫击炮8门，火焰喷射器24具，20毫米防空炮25门，75毫米自行步兵炮12门，150毫米自行重步兵炮6门，轮式车辆406辆，摩托车81辆。

装甲炮兵团有军官69名，军士365名，士兵1215名。装备步枪1217支，手枪343支，冲锋枪203支，轻机枪92挺，20毫米防空炮9门，105毫米牵引榴弹炮12门，105毫米自行榴弹炮12门，150毫米牵引榴弹炮12门，150毫米自行榴弹炮6门，轮式车辆407辆，摩托车31辆。

装甲团有军官69名，军士553名，士兵1039名。装备步枪822支，手枪704支，冲锋枪228支，轻机枪252挺，20毫米防空炮6门，37毫米防空炮8门，四号坦克（长身管）52辆，黑豹坦克51辆。轮式车辆313辆，摩托车53辆。

1.3.7 武装党卫军编制

二战期间，武装党卫军先后组建了38个师，另外还有7个列入计划却未组建的师，所以计划一共45个师。已建成的38个师包括：第1“阿道夫·希特勒警卫旗队”装甲师、第2“帝国”装甲师、第3“骷髅”装甲师、第4“警察”装甲掷弹兵师、第5“维京”装甲师、第6“北方”山地师、第7“欧根亲王”志愿山地师、第8“弗洛里安·盖侬”骑兵师、第9“霍亨斯陶芬”装甲师、第10“福隆德斯伯格”装甲师、第11“北欧”志愿装甲掷弹兵师、第12“希特勒青年团”装甲师、第13“弯刀”武装山地师、第14武装掷弹兵师、第15武装掷弹兵师、第16“党卫军全国领袖”装甲掷弹兵师、第17“古兹·冯·伯利辛根”装甲掷弹兵师、第18“霍斯特·维瑟尔”

接受检阅的武装党卫军士兵

志愿装甲掷弹兵师、第19武装掷弹兵师、第20武装掷弹兵师、第21“斯坎德培”武装掷弹兵师、第22“玛利亚·特雷西亚”志愿骑兵师、第23“尼德兰”志愿装甲掷弹兵师、第24“卡斯特猎手”武装山地师、第25“匈雅提”武装掷弹兵师、第26“匈牙利人”武装掷弹兵师、第27“兰格马克”志愿掷弹兵师、第28“瓦隆人”志愿装甲掷弹兵师、第29武装掷弹兵师、第30武装掷弹兵师、第31义勇掷弹兵师、第32“一月三十日”义勇掷弹兵师团、第33武装骑兵师团、第34“荷兰国家卫队”掷弹兵师团、第35警察掷弹兵师、第36武装掷弹兵师、第37“吕佐”义勇骑兵师、第38“尼白龙根”掷弹兵师。

1.4 二战德军著名地面部队

1.4.1 国防军“大德意志”装甲师

1921年，德国成立了一支名为“柏林卫戍团”（Wacht Regiment Berlin）的部队，其职责是镇压革命暴动，并承担平时的检阅和保安的作用。这就是“大德意志”装甲师的前身，但成立不久就被解散。之后，在刚刚解散的柏林卫戍团基础上又成立了一支“总部卫戍队”（Kommando der Wachtruppe），这支部队驻守在柏林直到1934年。1934年，总部卫戍队改名为“柏林卫戍队”（Wachtruppe Berlin）。1937年6月，这支部队又被重新命名为“柏林卫戍团”。在柏林奥运会等活动中，维持会场安全秩序的任务一直都是由柏林卫戍团担当。1939年4月12日，希特勒亲自下令将柏林卫戍团改名为“大德意志”步兵团。

在二战初期，“大德意志”步兵团留在本土进行编制和训练。至1940年5月，全团编制包括：第1步兵营、第2步兵营、第3步兵营、第4重装备营、“大德意志”步兵训练营、卡车连、第43机械化工兵营、机械化侦察连、第40后勤支队。1940年5月10日，隶属于古德里安第19装甲军的“大德意志”

步兵团在第10装甲师炮兵和工兵支援下，穿越卢森堡向比利时的要塞前进，这是该部队在二战中首次出战。“大德意志”步兵团在敦刻尔克以南击败了远征军和法军，29日又攻陷了贝格尼斯。然后挺进法国中南部，进驻里昂。之后又参加进攻南斯拉夫，攻打贝尔格莱德。1941年，“大德意志”步兵团参加对苏联的入侵，受中央集团军群第2装甲集群的第24摩托化军节制，与第3、第4装甲师等王牌部队并肩战斗，莫斯科会战中它是最靠近莫斯科的部队之一。“大德意志”步兵团在图拉和廖奥尔遭到重创并数次重组。1942年4月，整编为摩托化步兵师。

“大德意志”师军官正在研究作战计划

“大德意志”师在库尔斯克

“大德意志”师参加了1942年的一系列重要战役，年底在莫斯科以西的阿哲维和卢特斯切斯萨村蒙受重大损失。1943年在贝尔科洛地区再遭重创，重组为装甲掷弹兵师。随后，该师参加了库尔斯克会战以及紧接着的库图佐夫战役。1943年9月，“大德意志”师跟随德军退过北顿涅茨河，在战斗中被进一步削弱，最后调回法国休整。1944年，该师再次返回东线，在南部战场和罗马尼亚作战。7月底，转战到北部，在波兰和东普鲁士作战。12月，其装甲团第3营全部换装了新型的“虎”式重型坦克。1945年5月，“大德意志”师被强大的苏军消灭，仅有少量的士兵逃到西线向英军投降。

正在行军的“大德意志”师

1.4.2 国防军第7装甲师

第7装甲师的前身是1938年10月10日在图林根的格拉组建的第2轻装甲师，该师于1939年9月1日首次出现在波兰战场上，指挥官为斯图姆中将。当时，第2轻装甲师与第3轻装甲师组成第15摩托化军，隶属于南方集团军群第10集团军。波兰战役结束后，根据战争中取得的经验，德军第1～4轻装甲师改编为正规装甲师，编号依次为6～9。1939年10月18日，第2轻装甲师正式更名为第7装甲师。1940年2月12日，埃尔温·隆美尔（Erwin Rommel，1891年11月15日～1944年10月14日）少将接过了第7装甲师指挥权。

隆美尔正在研究作战计划

1940年5月10日，德国开始实施入侵西欧的“黄色方案”。当时，第7装甲师隶属于A集团军群第4集团军第15摩托化军。在战役开始后，第7装甲师越过德国和比利时边境向阿登（位于比利时和卢森堡交界的一片森林覆盖的丘陵地带，并一直延伸到法国境内）前进。5月12日，第7装甲师抵达芒斯，并花费了两天时间巩固桥头堡，随即全速向英吉利海峡进军，在5月30日完成了对敦刻尔克盟军的合围。随后，第7装甲师撤出前线，短暂休整至1940年6月5日。战役的第二阶段，该师于6月8日抵达柔恩，完成了合围法国第9集团军和第10集团军。到6月25日停战时，第7装甲师已经进攻到法国西南部。该师仅有2600余人阵亡、受伤和失踪，42辆坦克损毁，由此获得“魔鬼师”的称号。

第7装甲师正在行军

1941年6月，德军入侵苏联的“巴巴罗萨”行动中，第7装甲师隶属于中央集团军群第3装甲集群第39装甲军，以损失了半数坦克的代价全歼苏军第5坦克师。之后又经历了多场战斗，直到1942年5月返回法国进行休整。1943年2月，该师返回东线并加入南方集团军群，参加了库尔斯克、基辅、日托米尔、哈尔科夫以及随后的穿越乌克兰的撤退作战。

1944年8月，第7装甲师被调往波罗的海的东普鲁士，防守至1944年11月。这段时间内，该师的兵力不断消耗，却得不到补充。1945年4月，隶属于第3坦克集团军的第7装甲师从海上撤离时，已经只剩下空架子。1945年5月3日，第7装甲师向美军投降。

1.4.3 国防军第1山地步兵师

第1山地步兵师（1st Mountain Division）组建于1938年4月，前身为1935年德国武装力量扩张时唯一的山地部队——山地步兵旅，下辖第98、99、100这三个山地步兵团和第79山地炮兵团。1938年4月，又在旅的基础上扩编为第1山地步兵师。

1939年9月，第1山地步兵师作为南方集团军群第18军的一部参加了波兰战役。第1山地步兵师的任务是协助完成包围圈，在波兰南部合围当地波军及撤往该地的波军部队。在战役中，该师攻取了喀尔巴阡山的杜克拉山口，然后快速前进，占领了240千米以外的波兰重镇莱蒙伯格。

第1山地步兵师指挥官瓦尔特·里特尔·冯·格兰伯霍芬·施泰特纳

在波兰战役后，第1山地步兵师调往西线参加了法兰西战役。在法国，该师以穿过马斯河、埃纳河和卢瓦尔河的战斗而广为人知。法国投降后，第1山地师原本将参加入侵英国的“海狮计划”，后又计划占领直布罗陀，但这些行动最后都被取消了。之后，第1山地步兵师被调往奥地利，1941年4月，该师穿越南斯拉夫军队的防线，在其腹地作战。

巴尔干战役之后，第1山地步兵师又入侵苏联，隶属于南方集团军群第49山地军，参加了乌曼合围战。1942年5月，第1山地步兵师被调往顿涅茨地区的第11军。1942年的夏季攻势中，第1山地步兵师进展到高加索地区，在德军作战史中最高的阵地上作战。此后，该师又频繁调动，辗转在南斯拉夫、希腊等地作战。1944年12月，该师在匈牙利与苏军作战。1945年，第1山地步兵师撤至奥地利，在那里向美军投降。

1.4.4 武装党卫军第1装甲师

武装党卫军第1装甲师是从希特勒的私人卫队发展演变而来的一支部队，其前身为1923年建立的冲锋队本部警卫队，后屡经变动，于1938年变为“阿道夫·希特勒”警卫步兵团，1941年升格为机械化步兵师，1942年改为掷弹兵师，1944年又改为装甲师。该师完全由标准的日耳曼人组成，是武装党卫军战斗力最强的师之一。

在1943年4月前，第1装甲师的指挥官为约瑟夫·迪特里希（Josef Dietrich，1892年5月28日～1966年4月22日），他是希特勒最亲近的友人之一，曾获得钻石橡叶佩宝剑骑士铁十字勋章。二战爆发后，迪特里希领导的这支部队参加了从入侵波兰开始德军几乎所有的重大军事行动。在战场上，这支部队作战凶猛，并因枪杀战俘和滥杀无辜而臭名昭著。

波兰战役胜利后，德军主攻方向转向低地国家和法国。在德国本土休整的迪特里希部队得到了新型的四号坦克，并且完全实现了摩托化。1940年，德军进攻西欧，由于机械化程度高，迪特里希部队6小时便攻入荷兰境内80千米。荷兰投降后，该部队受命向南转进，协助在法国边境的德军作战。当6月24日法国投降时，该部队已迅速攻至圣·埃田地区。

1941年，为准备对苏作战，该部队被调到东线，并在南欧作战中迅速穿过南斯拉夫及保加利亚，攻入希腊。此役结束后，该部队扩编为机械化步兵师，共有10796名官兵。其后，该师在侵苏作战中被编入南方集团军，1941年6月22日攻入苏联，并和武装党卫军第5“维京”装甲师通力合作，协助第11和第17军团在乌曼包围苏军3个军团。乌曼会战后不久，该师改编成装甲掷弹兵师。

⊕ 希特勒检阅党卫军第1装甲师

斯大林格勒之役后，苏德双方又进行了哈尔科夫战役，迪特里希部队也有参战。之后，党卫军各部队开始大量换装新研制的“虎”式及“豹”式坦克，并参加了库尔斯克作战，迪特里希部队在南乌克兰地区遭苏军包围，元气大伤。库尔斯克战役后，迪特里希也离开了这支部队。

1944年3月，该师被升级为武装党卫军装甲师。由于部队编制已不到满员标准的半数，该师获准到比利时境内休养补充。同年6月6日，盟军大举登陆诺曼底，第1装甲师虽然受命阻击盟军，却由于盟军激烈的空中攻击而再次蒙受惨重的损失。诺曼底战役后，该师从比利时撤到阿纳姆地区，并在那里参加了著名的市场–花园战役，重创英军空降部队。随后，该师又于1944年12月16日参加了争夺西线主动权的阿登战役。此战结束后，希特勒火速将遭受重创的党卫军各师团加以整编，并派到匈牙利境内以解救布达佩斯的德军守备队。这次作战成为第1装甲师的最后一战，以惨败告终。其后，第1装甲师和其他党卫军部队一起退到奥地利，后在史泰尔地区向美军投降，部分后卫部队被苏军俘虏。

1.5 二战德国知名单兵装备制造商

1.5.1 毛瑟公司

公司全称：毛瑟武器制造股份公司（Waffenfabrik Mauser AG）

创始人：威廉·毛瑟、保罗·毛瑟

创立时间：1811年7月31日

总部地点：德国奥伯恩多夫

二战产品：Kar98k步枪

1811年7月31日，符腾堡国王腓特烈一世在德国黑森林地区的小镇奥伯恩多夫建立了一间皇家兵工厂，专门为普鲁士军队生产武器，这就是毛瑟公司的起源。这间兵工厂于1812年开始运作，最初只有100余名工人，其中就有毛瑟兄弟（威廉·毛瑟与保罗·毛瑟）的父亲。在父亲的指导下，毛瑟兄弟开始尝试设计枪械。

1867年，毛瑟两兄弟以法国的夏塞波后装枪为基础，设计出历史上第一支毛瑟步枪。这是一种旋转式闭锁枪机的后装单发枪，于1871年被德国军队采用，并命名为71式步枪。1882年1月13日，威廉·毛瑟去世，保罗·毛瑟继续在轻武器设计方面进行研究，并逐渐掌控了德国步枪的设计和生产。19世纪末期，毛瑟公司先后推出了1889式步枪、1891式步枪、1892式步枪、1893式步枪、1894式步枪和1895式步枪等产品。在德国政府的支持下，毛瑟步枪很快就在世界范围内流行起来，不断出口到国外。

随着毛瑟步枪的名气不断攀升，保罗·毛瑟也逐渐控制了皇家兵工厂的股份，最终在1897年把皇家兵工厂重新改组成毛瑟武器制造股份公司（Waffenfabrik Mauser AG）。除了生产步枪外，毛瑟公司也生产该工厂雇员菲德勒三兄弟设计的驳壳枪，但由于该手枪最后申请专利的是公司老板，所以这种手枪也被称为毛瑟手枪。

二战期间，毛瑟公司最著名的产品是Kar98k步枪，这是二战前在原来的98式步枪的基础上改进和缩短而成的，并在二战期间成为德国的制式步枪。1940年，毛瑟公司还被邀请参加新型半自动步枪的投标，但毛瑟公司的G41（M）试验失败，在经过短期试产后就被取消。

二战后，奥伯恩多夫处于法国的控制之下，毛瑟公司的工厂遭到占领军的破坏。后来，3个毛瑟公司的前雇员在奥伯恩多夫建立了黑克勒·科赫（HK）公司，HK公司最终完全取代了毛瑟公司为德国军方供应轻武器。现在的毛瑟公司只是德国防务企业莱茵金属公司旗下的一个子公司，在轻武器业务方面已经完全没落，只有一些名气不大产量不多的民用产品。

1.5.2 瓦尔特公司

WALTHER

公司全称：卡尔·瓦尔特运动枪有限公司（Carl Walther GmbH Sportwaffen）

创始人：卡尔·瓦尔特

创立时间：1886年

总部地点：德国乌尔姆

二战产品：PP/PPK手枪、P38手枪、G41步枪、G43步枪瓦尔特公司起源于1886年，当时年仅28岁的卡尔·瓦尔特在德国图林根州建立了一个小作坊，与一个学徒一起开始了枪械设计之路。19世纪末期，瓦尔特在自动手枪领域有着不俗的成就。1908年，瓦尔特制造了第一支自动手枪，即6.35毫米口径的瓦尔特M1自动手枪。此后，瓦尔特又生产过几种与M1类似的自动手枪。

第一次世界大战（以下简称一战）对瓦尔特公司的发展起了巨大的推动作用，M1自动手枪在战争期间曾大量配发给德军军官。当时，瓦尔特公司的雇员已经超过500人。1915年，卡尔·瓦尔特去世，其事业被他的几个儿子继承了下来。

在两次世界大战的间隙里，瓦尔特公司先后推出了PP/PPK手枪和P38手枪。PP手枪是一种采用全新结构的手枪，首次使用双动发射机构，对后来自动手枪的发展有着深远影响。PPK手枪是PP手枪的缩小版，具有很好的隐蔽性，非常适合便衣警察使用。P38手枪是世界上最优秀的军用手枪之一，不仅被德军制式采用，还大量出口到其他国家。

二战中，P38手枪的产量超过100万支。1941年，瓦尔特公司研制的半自动步枪击败毛瑟公司的产品，被德军正式采用，命名为Gewehr 41（简称G41），以替代老旧的Kar98k步枪。1943年，经过改进的G41步枪进入军队，被命名为G43。由于当时德国军工产能下降，该枪并没能完全替代K98k步枪，仅装备给精锐部队。

1945年，瓦尔特公司被美军占领，同年7月转交给苏联。不久，瓦尔特公司来到西德重振旗鼓，刚成立的公司只是手工生产一些计算器等产品。20世纪50年代，瓦尔特公司几经周折，逐渐恢复了轻武器生产，先后有P1手枪、MP系列冲锋枪、WA2000狙击步枪、P5手枪、P88手枪等产品。到了1993年，瓦尔特公司加入了全球化集团尤马公司，开始了现代化的经营管理，这也标志着公司新的历史阶段的开始。如今，瓦尔特公司依然在世界轻武器市场中占有一席之地。

1.5.3 莱茵金属公司

公司全称：莱茵金属公司（Rheinmetall GmbH）

创始人：海因里希·勒哈尔德

创立时间：1889年

总部地点：德国北莱茵威斯特法伦州

二战产品：FG42半自动步枪、机枪、KwK 42坦克炮、弹药莱茵金属公司成立于1889年，总部位于德国北莱茵威斯特法伦州。早在第一次世界大战（以下简称一战）时期，莱茵金属公司就是德国最大的军火制造商之一。一战结束后，在凡尔赛体系的制约下，莱茵金属公司逐渐过渡到民用工业的行列。然而没过多久，莱茵金属公司便在1933年与博尔西克公司合并为莱茵–博尔西克公司，开始大量生产武器和弹药，主要包括机枪、反坦克火炮、迫击炮、野战炮、防空炮和轨道炮等。1937年，莱茵–博尔西克成立了阿尔凯特附属公司制造坦克火炮。

二战时期，莱茵金属公司完全国有化，按照军方的意志制造武器，著名的“豹”式坦克主炮（KwK42坦克炮）即为莱茵金属公司制造。另外，莱茵金属公司还协助克虏伯公司生产了著名的88毫米高射炮。战争期间，莱茵金属公司的工厂里存在大量的劳动工人，其中包括5000名外国工人（主要是战俘和匈牙利犹太人）。作为二战时期典型的德国军工企业，莱茵金属公司的历史也反映了当时德国对待工人的残酷压迫政策。

二战结束后，莱茵金属公司虽然被迫关闭，但经历过改革重组之后，如今已是德国国内最大的军工企业集团，主要业务为车辆、电子和防务三部分。目前，莱茵金属公司的火炮技术堪称世界一流，美国M1、德国“豹”Ⅱ、以色列“梅卡瓦”Ⅳ、日本90式、意大利“公羊”Ⅱ等世界著名坦克都采用了莱茵金属公司的滑膛坦克炮。

1.5.4 克虏伯公司

公司全称：克虏伯公司（Krupp）
创始人：阿尔弗雷德·克虏伯
创立时间：1811年
总部地点：德国埃森市
二战产品：88毫米高射炮、“古斯塔夫”列车炮

克虏伯公司位于德国西部北莱茵–威斯特法伦州的埃森，其奠基人名叫阿尔弗雷德·克虏伯。1826年，阿尔弗雷德·克虏伯的父亲弗雷德里希·克

虏伯去世前，将制造优质铸钢的技术和一个生产几乎陷入停顿的小工厂留给了他。19世纪40年代，阿尔弗雷德·克虏伯开始制造加农炮，这种被称为“克虏伯大炮”的加农炮使“铁血宰相”俾斯麦在19世纪中叶先后战胜了奥地利和法国。之后，克虏伯公司逐渐成为欧洲最大的公司，并与德皇威廉二世关系密切。德皇亲自安排了阿尔弗雷德·克虏伯的孙女伯莎的婚事，他要外交官古斯塔夫迎娶伯莎，并且在姓氏上加了“克虏伯”，以便经营这个显赫家族的事业，防止它落入政敌之手。

一战爆发后，克虏伯公司制造了大量火炮提供给德国陆军，包括1914年的420毫米“贝尔莎大炮”、1916年的“兰格马克斯炮”以及1917年的“巴黎炮”等。除此之外，克虏伯公司还在基尔制造战舰和潜艇。德国战败后，古斯塔夫·克虏伯被宣布为战犯，但未被监禁。古斯塔夫的长子也取名为阿尔弗雷德，他在这段特殊的时期里长大，童年时代的经历成为他日后效忠希特勒的原因之一。

20世纪20年代，克虏伯家族秘密参加了德国的装备重整计划，1926年制造出第一批装甲车，1928年又恢复生产火炮。此时，小阿尔弗雷德已经成年，他于1930年加入了纳粹党，翌年成为党卫队成员。1936年10月1日，29岁的小阿尔弗雷德被正式任命为负责重整军备的副经理。1939年，小阿尔弗雷德接替父亲执掌“克虏伯帝国”的大权。在二战爆发后，他一直扮演着第三帝国军械师的角色。

二战期间，克虏伯公司为德国军队提供火炮、舰炮、钢板、弹药和其他装备。弗雷德里希·克虏伯造船厂制造了德国“欧根亲王”号重巡洋舰，以及许多德国的U型潜艇。同时，克虏伯公司还参加了德国“虎”式坦克、“虎王”坦克、“豹”式坦克等重型坦克的研究，并取得了坦克火炮的生产权。

二战结束后，小阿尔弗雷德于1948年被判处12年监禁，罪名是“反人道、掠夺被占领地区和阴谋反对和平”，克虏伯的工厂则交由英军接管。不过，小阿尔弗雷德在1951年1月便出狱了，随后回到埃森重整家业。1952年10月，他跟占领当局签订协议，解决了克虏伯公司的命运问题。1967年，公司重新改组为克虏伯股份有限公司。1999年3月，克虏伯股份有限公司与蒂森股份公司合并为蒂森–克虏伯股份公司。目前，蒂森–克虏伯已成为德国工业巨头，产品范围涉及钢铁、汽车技术、机器制造、工程设计及贸易等领域，基本脱离了军工行业。

第2章

枪林弹雨

——枪械和弹药

枪械是步兵的主要武器，也是其他兵种的辅助武器，在战争中起着无比重要的作用。二战期间，德国积极开发各种枪械，战争后期还研制出突击步枪。本章主要介绍德军在二战中使用的各类枪械，以及这些枪械使用的主要弹药。

2.1 步　枪

Kar98k手动步枪

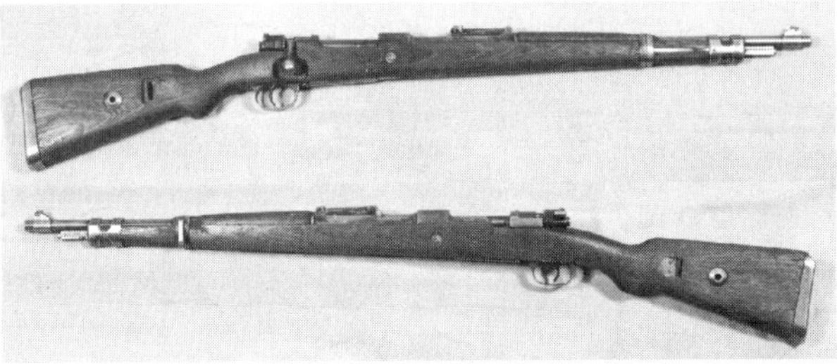

口径	7.92毫米	弹容量	5发
全长	1110毫米	枪口初速	760米/秒
枪管长	600毫米	膛线数量	4条
重量	3.7千克	有效射程	500米

Kar98k手动步枪是二战时期德国军队装备的制式步枪，它被认为是二战中最好的旋转后拉式枪机步枪之一。

研发与生产

20世纪30年代，德国重整军备，经过改进的标准型毛瑟Gew98步枪被德国国防军选为制式步枪，命名为Karabiner 98k，简称Kar98k或K98k，其中结尾的k是"Kurz"的缩写，德语意为"短"——相对于Gew98步枪，Kar98k步枪的长度缩短不少，但仍比一般卡宾枪要长。Kar98k步枪于1935年开始批量生产，同年装备德军，1945年停止生产，总生产量超过1400万支。

使用Kar98k步枪的德军士兵

构造与原理

Kar98k步枪沿用了毛瑟Gew98系列步枪经典的旋转后拉式枪机，这是一种简单而又坚固的整体式枪机，能使步枪获得更好的精确度。枪机有两个闭锁齿，都位于枪机顶部。枪机拉柄与枪机本身连接，Kar98k步枪将Gew98步枪的直形拉柄改成了下弯式，便于携行和安装瞄准镜。枪机尾部是保险装置。该枪的供弹系统是一个子弹呈双排交错排列的内置式弹仓，使用5发弹夹装填子弹，子弹通过机匣上方压入弹仓，也可单发装填。

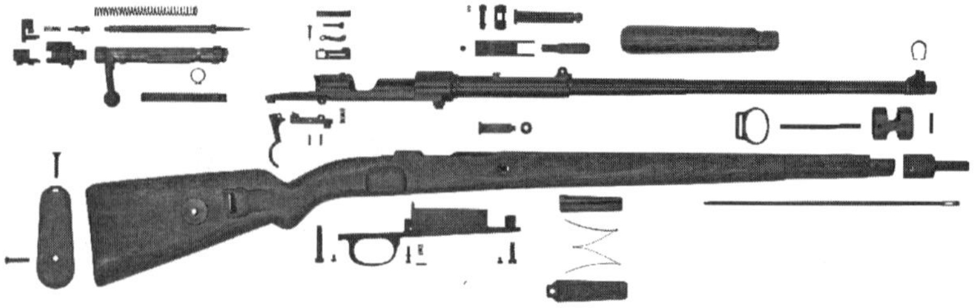

Kar98k步枪分解图

性能与维护

使用Kar98k步枪的德军狙击手

手持Kar98k步枪隐藏在草丛中的德军士兵

Kar98k步枪的用途较多，其射击精度较高，可加装4倍、6倍光学瞄准镜作为狙击步枪投入使用。Kar98k狙击步枪共生产了近13万支并装备部队，还有相当多精度较好的Kar98k步枪被挑选出来改装成狙击步枪。此外，Kar98k步枪还可以加装枪榴弹发射器以发射枪榴弹。这些特性使Kar98k步枪成为德军在二战期间使用最广泛的步枪。

Kar98k步枪在战争期间为了满足军队装备步枪数量的需求，缩减成本，经过多次简化生产工艺的设计更改，简化木制枪托，部分零部件制造与安装采用冲压、焊接工艺。战争后期德国物资匮乏，Kar98k步枪的制作越发简陋，质量也每况愈下。而且战场上的对手装备了半自动步枪，性能优异的Kar98k步枪也显得过时了，于是德国相继推出了Gew43、StG44等新式步枪，但由于出现时间晚、产量低，这些新式步枪依然无法替代Kar98k步枪。

装备与服役

Kar98k步枪主要装备二战时的德国军队，在所有德军参战的战区如欧洲、北非、苏联、芬兰及挪威皆可见其踪影，当时德军士兵昵称其为“卡尔斯”。二战后，苏联、法国、挪威、比利时、捷克斯洛伐克、南斯拉夫、以色列等国也通过不同途径装备或生产了Kar98k步枪。时至今日，仍有不少国家将其作为步兵武器装备，其中德国联邦国防军军事学院仍然在阅兵典礼及表演时使用Kar98k步枪。

Kar98k步枪还是世界各地收藏家的珍品，也是民间射击活动中一种非常普遍的步枪，大部分保留了当时的7.92毫米口径，也有小部分被改成现在流行的7.62×51毫米NATO或.308 Winchester口径。

二战时期手持Kar98k步枪的德军狙击手

携带Kar98k步枪的民主德国士兵

二战后以色列女兵使用Kar98k步枪练习射击

Gew41半自动步枪

口径	7.92毫米	弹容量	10发
全长	1140毫米	枪口初速	776米/秒
枪管长	546毫米	最大射速	30发/分
重量	4.9千克	有效射程	400米

Gew41半自动步枪是德国在二战中研制的半自动步枪，也是德军在战争期间使用的第一种半自动步枪。

研发与生产

二战初期，德国的步兵理论比较重视机枪，相对来说半自动步枪未引起德国军队的重视，所以德国对于半自动步枪的研制比美国以及苏联落后。1941～1942年期间，东线战场德国军队的标准步枪Kar98k在火力上根本无法和苏联的SVT-40半自动步枪较量。1941年，瓦尔特公司设计的半自动步枪经过德国军方测试批准投产，命名为Gewehr41，简称Gew41。到1944年停产时，Gew41步枪的总生产量超过12万支。

⊙ 德军士兵正在检查Gew41半自动步枪

㊉ 手持Gew41半自动步枪的德军步兵

构造与原理

Gew41步枪的枪口装有环形导气装置，利用发射枪弹的火药气体推动枪机解锁、后坐，完成抛壳、子弹上膛。该枪使用标准毛瑟步枪弹，10发弹匣供弹，子弹需由机匣顶部填装。G41步枪可以安装刺刀，初期型安装了1.5倍的瞄准镜，后期型可以结合4倍瞄准镜使用。

性能与维护

Gew41步枪比较笨重，子弹填装不方便，灰尘的污染很容易引起枪机部分的失灵，而且从枪管处也很难进行清洁和维修，因此不太受前线军队的欢迎，但是它在火力方面的性能比Kar98k步枪好。

㊉ 装备Gew41步枪的德军步兵

㊉ 手持Gew41步枪在战壕中射击的德军步兵

Gew43半自动步枪

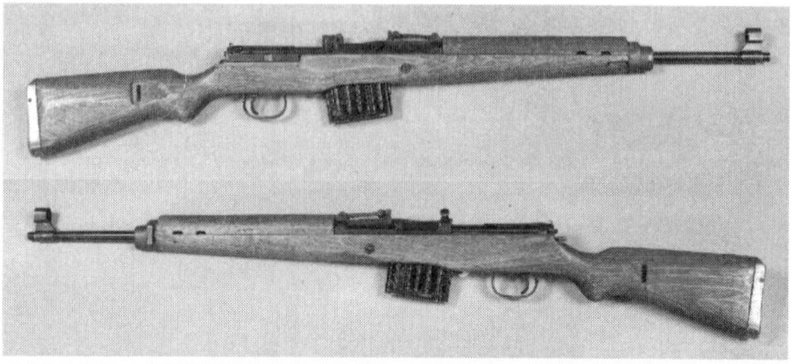

口径	7.92毫米	弹容量	10发
全长	1130毫米	枪口初速	776米/秒
枪管长	550毫米	最大射速	60发/分
重量	4.4千克	有效射程	500米

Gew43半自动步枪是瓦尔特公司在Gew41半自动步枪基础上改进而来的，在二战后期被德军采用。

研发与生产

Gew41半自动步枪问世后，在实战使用时发现不少缺点。与此同时，德军在东线战场上缴获了大量苏联军队装备的SVT-40半自动步枪，并受到德军士兵们使用后的好评。为此，德国工程师根据军队的要求，参考SVT-40半自动步枪的导气式工作原理，将Gew41半自动步枪进行相应的改进。1943年，改进型被命名为Gew43半自动步枪，并取代Gew41半自动步枪开始投入生产，到1945年停产时总产量超过40万支。

⊕ 使用Gew43半自动步枪作战的德军步兵

构造与原理

Gew43步枪借鉴了SVT-40步枪的导气式工作原理，发射枪弹的火药气体导出枪管后，推动一个活塞向后运动带动枪机后坐，完成抛壳、子弹上膛动作。Gew43步枪大量采用了冲焊熔铸工艺的零部件，非常适于机械加工厂的大批量生产。此外，Gew43步枪的零部件也与Gew41步枪有着很大的通用性。与Gew41步枪不同，Gew43步枪从一开始就没有设定刺刀座。有意思的是，Gew43步枪的枪栓位于枪机左侧，似乎是为照顾左撇子射手而设计的。

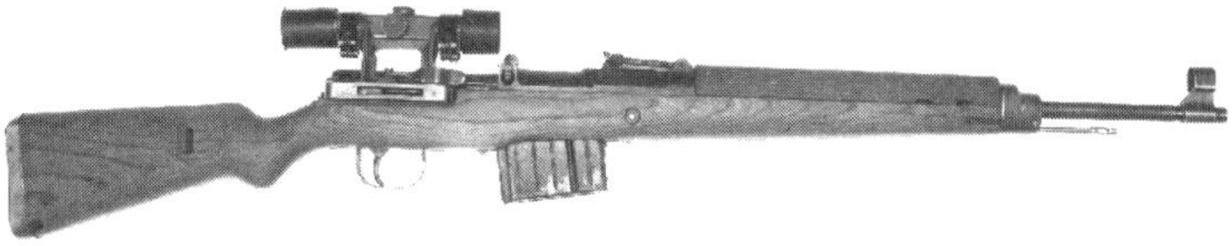

装有瞄准镜的Gew43步枪

性能与维护

由于产量难以满足前线需求，Gew43步枪没有大规模配发前线普通士兵替换Kar98k步枪。尽管它在数量上没有全部装备前线军队，但是它被认为是一种质量不错的半自动步枪。当时德军也曾为Gew43步枪装上ZF4瞄准镜，作为半自动狙击步枪使用。德军士兵对Gew43步枪褒贬不一，虽然Gew43步枪比手动装填子弹的步枪射击速度更快，但其远距离射击精度比不过Kar98k步枪，而它的射速比使用了短药筒枪弹全自动的StG44突击步枪低。

战争后期，由于德国物资匮乏，加之时间紧迫，同其他大多数德军装备一样，Gew43步枪在制作工艺上越来越简陋，昂贵的木制枪托以及其他木料部分被非常薄的木头代替，其他许多部件也大幅缩水。

装备与服役

Gew43步枪于1943年开始大量生产并装备德军。德军1945年3月最后的统计数字显示，此时部队还有约22.1万支Gew43步枪，其中约2.7万支为带瞄准镜的狙击型号。在1944年初的苏德战场上，苏军发现前线德军半自动武器数量开始增加，德军利用Gew43步枪配合MG42机枪已对苏军构成了相当强大的阻击火力，在步枪有效射程上的自动/半自动武器密度上已超过了苏军。

与其他武器一起摆放在战壕边的Gew43半自动步枪

㊉在掩体后方使用Gew43半自动步枪射击的德军步兵

㊉手持Gew43半自动步枪的德军步兵

在西线战场上，1944年6月盟军登陆诺曼底时就遇到德军的Gew43步枪。由于德军的Gew43步枪装备数量少，而美军从军官到士兵普遍装备了M1“加兰德”半自动步枪，因此在对射中，德军占不到任何的便宜。

Gew98手动步枪

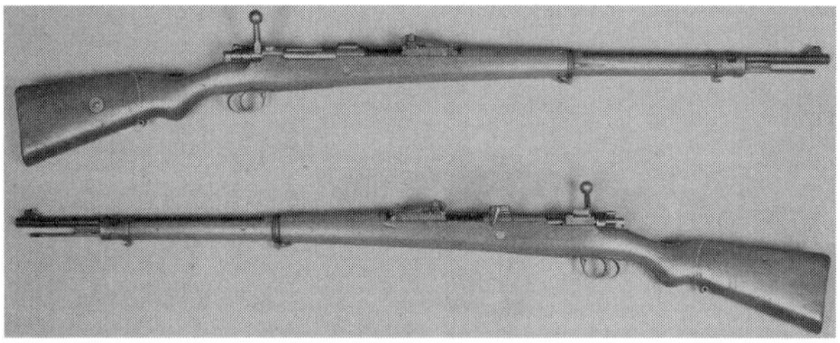

口径	7.92毫米	弹容量	5发
全长	1250毫米	枪口初速	878米/秒
枪管长	740毫米	制造数量	500万支
重量	4.09千克	有效射程	500米

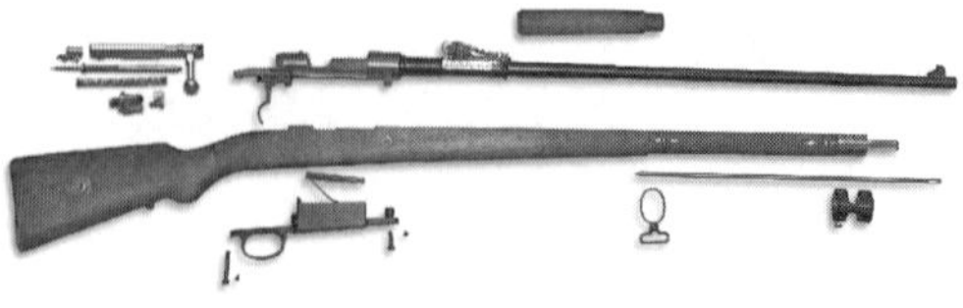

㊉Gew98步枪分解图

Gew98步枪是德国毛瑟公司在德国军方采用Gew1888步枪后，为了夺回在德国枪械市场的地位而研制的步枪。

研发与生产

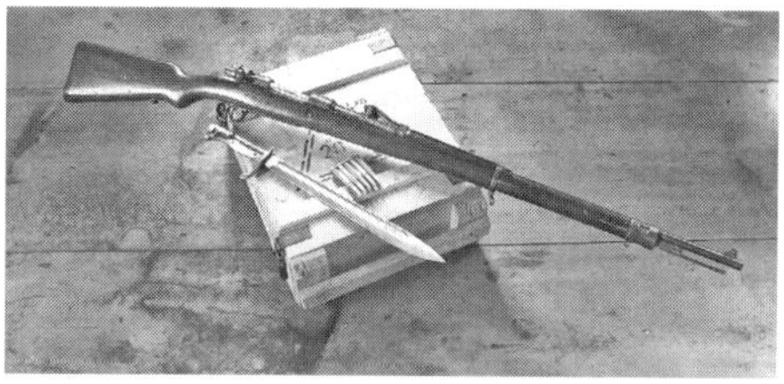

德国Gew98步枪和刺刀

由于德国军队装备了88式步枪，促使保罗•毛瑟不断研制新型号和改进旧型号，而这些型号也被出口到世界各地，并参与了许多战争。但德国军队仍未放弃研制88式步枪。保罗继续改进他的设计，他的努力终于在1898年得到回报，同年德国军队决定淘汰88式步枪而采用新改进的毛瑟步枪作为制式步兵武器，新步枪被军方命名为Gewehr1898（1898型步兵武器），通常缩写为Gew98或G98。

Gew98是德国军队在1898～1935年间的制式步枪，直到它在1935年被毛瑟Kar98k步枪取代为止。Gew98的出现成功地取代了在德军服役的Gew1888步枪，并首次在义和团之乱中投入使用，也是德军在一战中使用的主力步枪，并一直沿用至二战期间。

构造与原理

Gew98步枪是一种手动式步枪，吸收了早期毛瑟步枪的所有改进，其主要特征是固定式双排弹仓和旋转后拉式枪机。Gew98弹仓为双排、固定式，其底板可以拆卸出来。装填时可以从顶部的抛壳口单发装入，也可以通过弹夹一次装填5发子弹。在装填后，当枪机关闭枪机时，空的桥夹会被自动抛出。

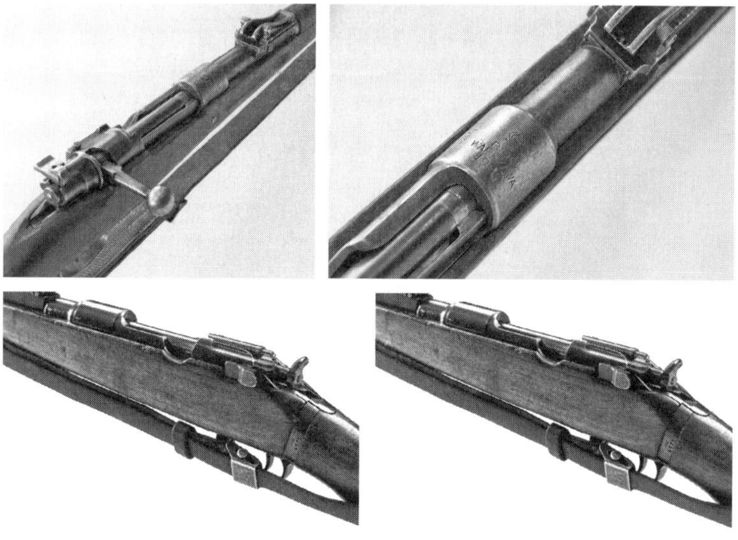

Gew98步枪局部特写

性能与维护

1905年，德国研制出被命名为“8×57 JS”的轻尖弹，弹头直径从8.1毫米增加到8.2毫米，而且弹道也变得更平直，因此许多已有的Gew98步枪需要改造枪膛和瞄准具来适应新的尖头弹。

装备Gew98步枪的德国士兵

FG42半自动步枪

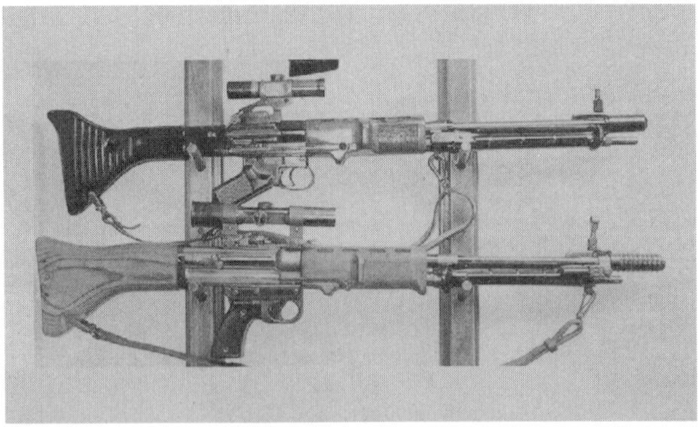

口径	7.92毫米	弹容量	20发
全长	945毫米	枪口初速	740米/秒
枪管长	500毫米	最大射速	900发/分
重量	4.2千克	有效射程	600米

FG42步枪是二战时期德国航空部专门为伞兵设计的一种兼顾半自动步枪功能和机枪功能的枪械，全称为Fallschirmjägergewehr 42。

研发与生产

在二战爆发后的空降作战中，德国空降部队认为现役的轻武器不能满足空降作战的要求，特别是在1941年的克里特岛空降战役后，这种情况越发突出。由于德国伞兵一直装备与步兵单位一样的轻武器，而空降作战经验表明，这些武器不适合空降作战的特殊要求。德国空军希望增强单兵火力，要求为伞兵设计一种可携带、可选择连发射击模式并且方便空降携带的步枪，兼顾半自动步枪与轻机枪两种角色。

德国空军提出了伞兵步枪的技术指标，包括：拥有轻机枪的性能，使用7.92×57毫米的标准弹、10～30发弹匣，且空投体积不大于常规手动步枪，能发射枪榴弹，并佩带刺刀、两脚架和光学瞄具等附件。由于当时作为轻武器研制部门的德国陆军兵器局正在研制7.92×33毫米中间型威力枪弹，所以拒绝了空军使用7.92×57毫米标准步枪弹的设计要求。后来，德国航空部直接转向了武器制造商，并邀请毛瑟、古斯特洛夫（Gustloff）、莱茵–博尔西克以及克里格霍夫（Krieghoff）等多家公司，希望这些武器制造商能够参与项目。最终，只有莱茵–博尔西克公司和克里格霍夫公司按空军的要求提供了样枪。德国空军测试过两种样枪后，选中了莱茵公司的样枪。1942年，新枪命名为FG42，其意为42型伞兵步枪。

⊕德军士兵使用FG42半自动步枪在森林中作战

构造与原理

FG42步枪采用导气式自动原理，弹药在击发后火药气体由枪管下方导气管进入活塞筒，并带动2个闭锁突笋的旋转闭锁式枪机。FG42步枪的击发装置单发射击时处于闭膛状态，这样能够让射击更为精确，在连发射击时，会处于开膛状态，以便冷却枪管。该枪采用10发或20发弹匣供弹，弹匣由左侧水平插入机匣，弹壳从右侧抛出。由钢板冷锻成的中空的直型枪托里容纳了枪机的尾部、后坐缓冲器及复进簧。FG42步枪直线型的枪托结构和侧装弹匣的组合使得重心基本位于枪膛的中心线上，这为处于全自动状态下发射步枪弹提供了稳定的发射状态。

早期FG42步枪的小握把的向后倾角度很大，两脚架铰接在机匣前方前托的前部，并向前折叠。重新设计的FG42第II型改用了倾斜度较小的小握把，为了节约资源以及适应冬季作战，还将金属制枪托改为木制枪托，并在快慢机上增加了保险功能。FG42第II型的质量增加到了4.82千克，主要改动为增加枪机质量，延长枪机后坐行程，增加枪的长度并降低射速。FG42第III型的总质量为4.98千克，其中枪机质量为595克，相比之下，最初设计的枪机仅重430克，可见改动之大。

FG42半自动步枪及其弹匣

性能与维护

背着FG42半自动步枪的德军伞兵

FG42步枪具有重量轻和枪管尺寸短的特点，非常适合伞兵使用。它能够为伞兵提供与任何一种轻机枪和步枪相当的火力。但实战证明，FG42步枪还是无法替代轻机枪的角色，因为该枪弹匣容量小，而且枪管容易过热，无法长时间连续射击。而且FG42步枪的生产成本太高，相对于使用中间威力枪弹的StG44突击步枪也不具备优势。不过，FG42步枪将枪口制退器卸下之后还可以换上枪榴弹发射器，而且一些早期型号还带有光学瞄准镜。

装备与服役

FG42步枪主要装备德国空降部队，首次亮相是在1943年9月12日德国空降部队营救墨索里尼的行动中。1943年以后，德国空降部队基本作为步

⊙德军军官检视FG42半自动步枪

⊙使用FG42半自动步枪的德军步兵

兵部队使用，这种伞兵专用自动步枪的需求不再迫切。至二战结束，德国仅生产了不到7000支FG42步枪。现在，FG42步枪已成为枪械收藏家眼中的珍品。

Spz-kr突击步枪

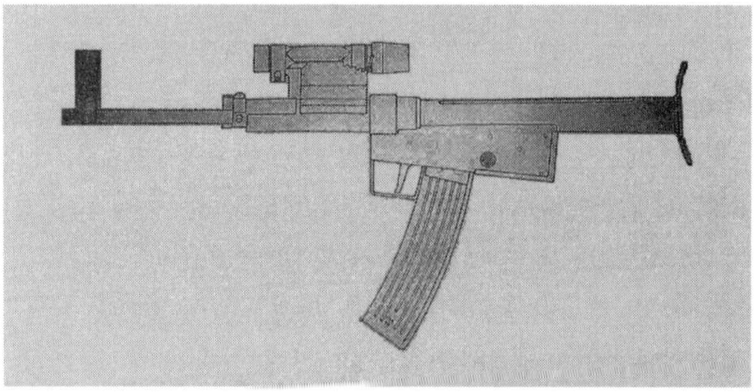

口径	7.92毫米	弹容量	30发
全长	680毫米	枪口初速	381米/秒
枪机种类	气动式	有效射程	400米

Spz-kr是德国于二战末期制造的犊牛式突击步枪，属于“最后一搏”系列的武器。

Spz-kr全枪主要由斯登冲锋枪的零件组成，机匣和枪托的部分没有护木，其用作充当握把的弹匣及弹匣释放钮的设计则是来自StG 44突击步枪。该枪的衍生型包括Spz-1、Spz-k1、Spz-kv，这些衍生型号都能够进行半自动或全自动射击。射手只需扣动一半扳机便能进行单发射击，继续扣下去就是连发射击。

StG44突击步枪

口径	7.92毫米	弹容量	30发
全长	940毫米	枪口初速	685米/秒
枪管长	419毫米	最大射速	600发/分
重量	4.62千克	有效射程	300米

StG44步枪是德国在二战期间研制的突击步枪，也是第一种使用中间型威力枪弹并大规模装备的自动步枪，全称为Sturmgewehr 44。

研发与生产

一战结束后，随着工业科技的进步，世界各国的军事战略战术理论也都出现了巨大的变化。一般认为，双方步兵的作战距离会大大缩短，70%以上的战斗都集中在400米的距离之内。在这个距离内，传统步枪的威力过大，远远超出了实战的要求。而且这些手动填装子弹的步枪射速不高，无法对敌人造成足够的火力压制。当时步兵装备的另一种主要武器冲锋枪，也不能满足这种情况的需要。虽然当时的冲锋枪在100米内有着较强的火力，但是超过150米距离无法精准地射击。

综上所述，在冲锋枪的150米和步枪的500米之间，有一个150～400米的火力空当。通常，世界各国都用轻机枪来弥补这个空当，但当时的轻机枪装备数量较少，而且轻机枪在这个距离上也存在威力过剩的情况。而且冲锋枪使用的是手枪弹，而机枪和步枪使用步枪弹，这样就加重了后勤负担。如果能够实现基层步兵武器弹药的统一化，对于各国的军工系统和后勤系统都将是一个极大的帮助。出于这种目的，许多国家都在20世纪30年代末期展开了对于突击武器的研究。他们希望能够生产出一种结合步枪和冲锋枪特点，能够代替现有步枪、冲锋枪甚至轻机枪的一种武器。在这种背景下，德国著名的轻武器设计师雨果·施迈瑟于1944年设计出世界上第一款真正意义上的突击步枪，命名为StG44。

德军士兵使用StG44突击步枪作战

StG44突击步枪右侧视角

构造与原理

StG44突击步枪采用导气式自动原理，枪机偏转式闭锁方式。该枪在子弹击发后，火药气体被导出枪管进入导气管驱动活塞带动枪机动作，并完成抛弹壳和子弹上膛动作。StG44突击步枪可选择单发或连发的射击模式，机匣等零件采用冲压工艺制造，易于生产，而且成本较低。

性能与维护

StG44突击步枪采用7.92×33毫米弹药，这种弹药被称为中间型威力枪弹，比当时的德军7.92×57毫米标准步枪弹更短、更轻，当然，有效射程也相应缩短了。7.92×33毫米弹药长度比原有的毛瑟步枪弹缩短了三分之一，使得枪支射击时的后坐力大大减小，并解决了自动步枪无法连续准确射击的技术瓶颈。

装备与服役

StG44突击步枪是德军在MP40冲锋枪和MG42通用机枪之后的又一款划时代的经典之作。其使用的中间型威力枪弹和突击步枪的概念，对轻武器的发展有着非常重要的影响。自该枪诞生之后，许多自动步枪都开始使用短药筒弹药，并逐渐取代老式步枪。StG44突击步枪在二战中没有发挥多大作用，到二战结束之后，StG44突击步枪由于自身性能的局限，很快就退出了历史舞台。但是，StG44突击步枪并没有随着德国的战败投降而消失，而是继续在各国军队中长期服役。

⊕ 手持StG44突击步枪的德军士兵

⊕ 装备StG44突击步枪的德军士兵

StG45突击步枪

口径	7.92毫米	弹容量	30发
全长	940毫米	枪口初速	640米/秒
枪管长	419毫米	最大射速	450发/分
重量	4千克	有效射程	300米

StG45步枪是德国在二战末期的试验型突击步枪，由毛瑟公司在1945年设计及生产，全称为Sturmgewehr45。

研发与生产

1945年，德国原本计划以StG45突击步枪替换StG44突击步枪，因为StG 45突击步枪的生产成本仅为45德国马克，而StG44突击步枪的生产成本高达

70德国马克。另外，StG45突击步枪所需的生产时间及原材料也较少，正适合当时严重缺乏资源的德国。然而直到德国战败，StG45突击步枪也没有正式装备，仅仅生产了30支。

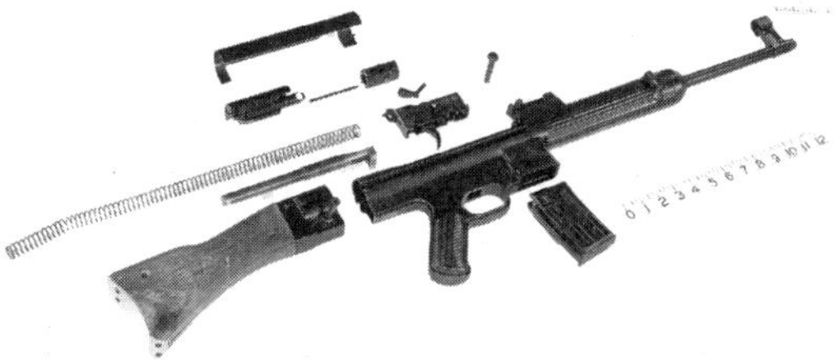

⇧ StG45突击步枪分解图

构造与原理

⇧ StG45突击步枪左侧视角

StG45突击步枪采用与StG44突击步枪相同口径的7.92×33毫米步枪弹，可配用StG44突击步枪的30发弹匣，也可使用便于卧姿射击的VG1-5手动步枪的10发弹匣。为了节约弹药及提高连发准确度，StG45突击步枪的射速降至每分钟350～450发。

性能与维护

虽然StG45突击步枪没有正式服役，但它采用的滚轮延迟反冲式技术被后来的CETME自动步枪（西班牙）、SIG SG 510自动步枪（瑞士）、HK G3自动步枪（德国）及MP5冲锋枪（德国）大量采用。

VG1-5手动步枪

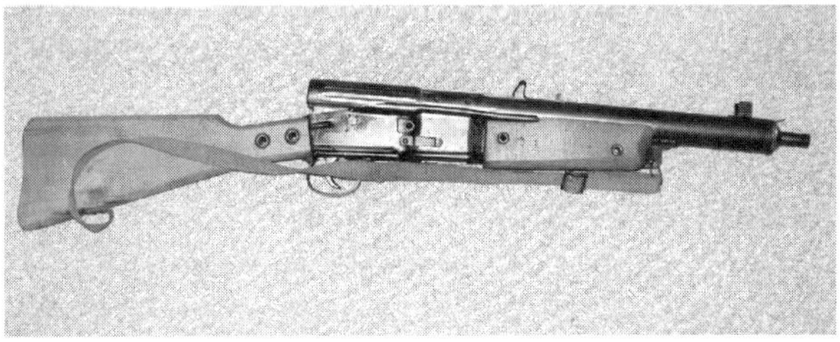

口径	7.92毫米	重量	4.6千克
全长	885毫米	弹容量	30发
枪管长	378毫米	有效射程	300米

VG1-5步枪是德国在二战末期仓促研制的系列手动步枪，共有五种不同型号。

研发与生产

二战末期，孤注一掷的德国组建了一支民兵部队，即“人民冲锋队”。这支部队虽然是民兵，但也能做到机械化，当时他们急需大量武器，但是枪械的生产却跟不上。为此，德国政府批准了“简单武器计划”。该计划的目的是要研制像英国斯登冲锋枪一样简单的枪械。其后几家公司设计出样枪，包括瓦尔特公司的VG1、斯普文科公司的VG2、莱茵金属公司的VG3、毛瑟公司的VG4以及斯泰尔公司的VG5。这些武器都是手动枪机的步枪，而且都是标准型Kar98k步枪的衍生型。

构造与原理

VG1步枪是一种手动操作的栓式步枪，使用一种简单的转栓式枪机。枪栓的闭锁依靠枪栓上的两个突耳，粗糙的拉柄能锁入冲压制造的机匣内，以提供附加的保险。此枪由Gew43半自动步枪的可拆卸弹匣供弹，手动保险是粗制滥造的，仅由固定在扳机后的保险杠组成。当保险关闭时，保险杠挡在扳机的运行路线上，不让扳机正常运行。枪托也是用木头粗制而成，在枪上有不可拉动的标尺，只用来做近距离射击。

VG2步枪也是一种手动栓式步枪，附带一个简单的转栓式枪机以及粗糙的手动保险装置。枪托是用木头粗略制成，并包括两个分离的部分：前护木及带有半手枪式把手的肩托。枪托被永久固定在机匣上，不可调整的标尺只被用来做近距离射击，并在100米处归零。相比之下，VG5步枪更加简单，它使用K98k步枪的转栓式枪机，但没有弹匣，所以每一发弹药都要手动填进机匣。铁质表尺被焊在枪上，也是不可调整的。

⊕VG1-5步枪右侧视角

装备与服役

VG1-5步枪主要装备德国“人民冲锋队”，不过战争后期德军武器匮乏，其他部队也曾使用VG1-5步枪。在有“柏林之锁”之称的泽劳高地之战（欧洲战场中最后一场惨烈的战术性争夺战）中，德国党卫军部队就只能用“铁拳”反坦克火箭筒以及VG1-5步枪、Kar98k步枪和少量的MP40冲锋枪抵抗盟军的进攻。

古斯塔夫人民突击步枪

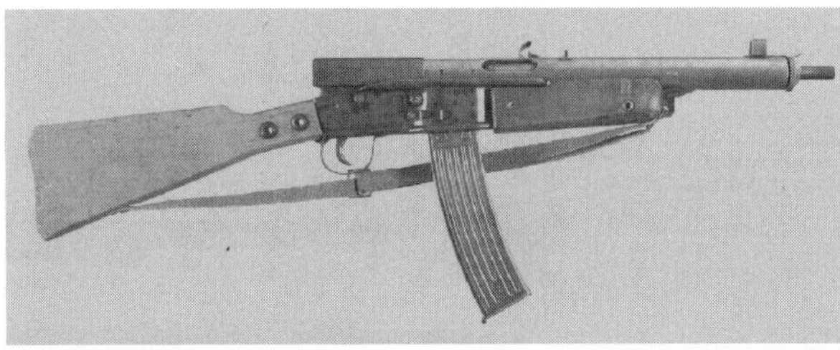

口径	7.92毫米	重量	4.7千克
全长	890毫米	弹容量	30发
枪管长	380毫米	有效射程	300米

古斯塔夫人民突击步枪（Gustloff Volkssturmgewehr）是德国在二战末期研制的突击步枪，产量较低。

研发与生产

古斯塔夫人民突击步枪由德国古斯塔夫武器公司设计，以参加德国的“简单武器计划”。1944年，这种突击步枪被“人民冲锋队”采用。古斯塔夫人民突击步枪从1945年1月开始制造，在战争末期的德国，由于各地区间的联系已经中断，工厂无法进行有组织的生产，最后还是在地方官员的命令下，各地的军火生产商才开始进行生产。直到二战结束为止，古斯塔夫人民突击步枪的总生产量约1万支。

⊙ 战争后期使用古斯塔夫人民突击步枪的德军士兵

构造与原理

古斯塔夫人民突击步枪采用了与StG44突击步枪相同的7.92×33毫米

Kurz中间型威力枪弹与可拆卸的30发弹匣，并采用气体延迟反冲技术，即凭借从膛室旁的枪管中放出的气体，减缓子弹射出后产生的后坐力，以使操作部分可借助子弹药筒的余压从后方推动。

古斯塔夫人民突击步枪的构造更类似于半自动手枪，它有一外壳以及弹簧围绕着枪管，整个外壳在退壳时向后运动。枪膛后面的部分——枪机、枪机的击针和钩弹器（钩着弹壳的底部以抛壳）以及整个枪机都被固定在外壳的后方。在枪管尾部有四个开口将枪机锁住，直到枪管里的压力降到安全程度。

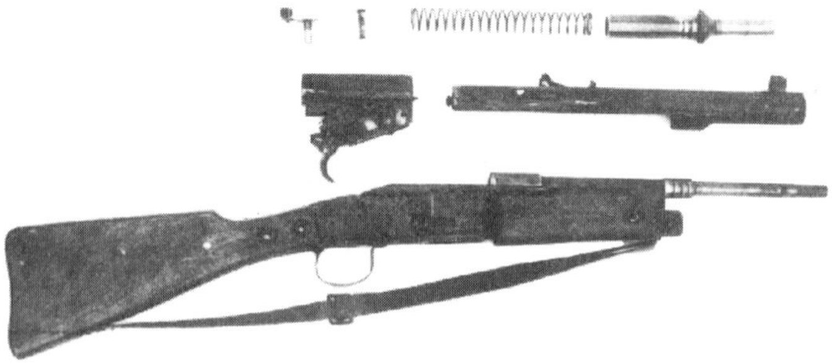

拆解后的古斯塔夫人民突击步枪

2.2 机枪

MG08重机枪

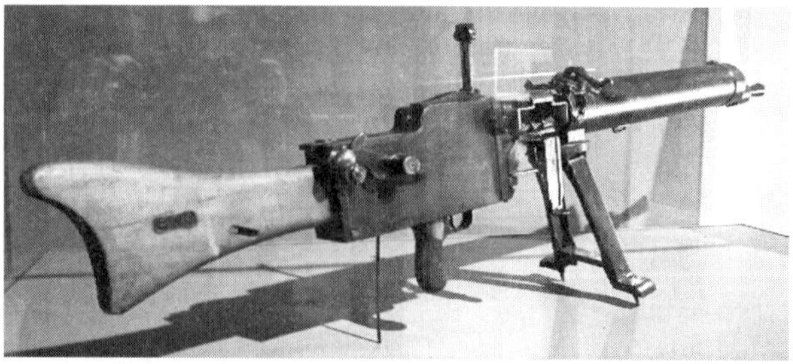

口径	7.92毫米	弹容量	250发
全长	1175毫米	枪口初速	900米/秒
枪管长	721毫米	最大射速	500发/分
重量	26.5千克	有效射程	2000米

MG08重机枪是德国在20世纪初期研制的重机枪，是德军在一战中使用最广泛的一种重机枪。由于MG34通用机枪的产量不足，德军在二战中依然在使用MG08重机枪。

研发与生产

1884年，英籍美国人海勒姆·史蒂文斯·马克沁发明了世界上第一种真正成功的以火药燃气为能源的自动武器——马克沁重机枪。该机枪利用火药气体能量来完成机枪自动动作，枪管用水冷却，发射黑火药枪弹。1888年，马克沁重机枪经过改进，枪弹改用了无烟药枪弹，威力更加强大。之后，马克沁重机枪应用在战争中，充分显示出重机枪的威力。马克沁重机枪获得成功后，许多国家纷纷进行仿制，并针对马克沁重机枪的原理和结构进行改进和发展，其中就包括德国，MG08重机枪由此问世。

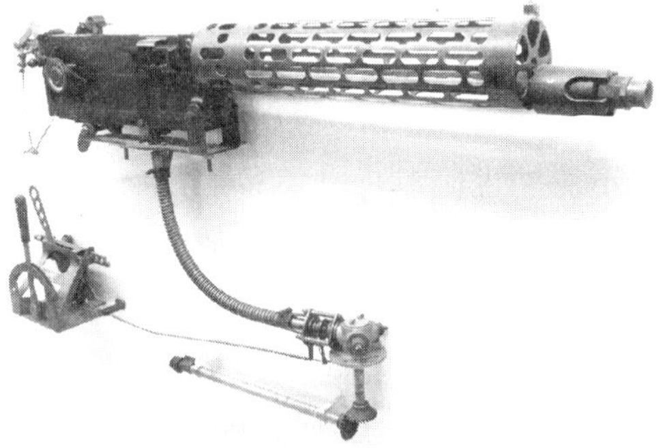

MG08重机枪

性能与维护

与多数马克沁式重机枪一样，MG08重机枪也使用水冷式枪管，用冷却水来为枪管降温，其水冷套筒可以装4升冷却水。只要有足够的水和弹药，MG08重机枪就可以持续射击很长时间。为了保证长时间连续火力的需要，MG08重机枪采用的供弹具是标准的250发布制弹链，理论射速可达500发/分。为了减少枪口焰对机枪手的影响，部分MG08重机枪采用了挡焰板，有的还加装了防盾。该枪的枪身仅重26.4千克，但配用的四脚架重达35.6千克。尽管有很多士兵对这个很重的四脚架不满，但实战使用时这个四脚架却能带来很好的稳定性。

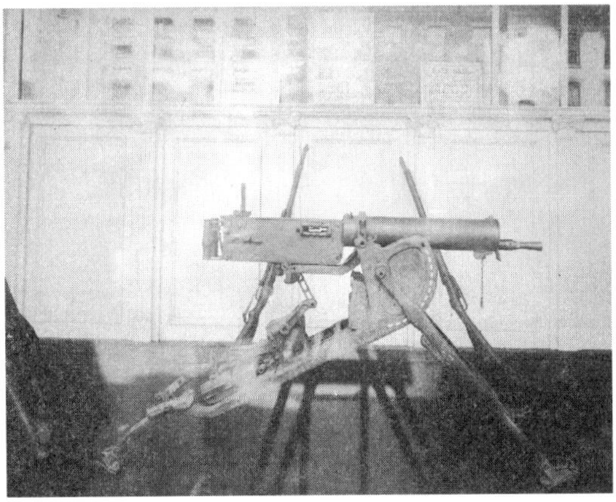

装有四脚架的MG08重机枪

装备与服役

在一战期间的索姆河战役中，德军装备的MG08重机枪给协约国军队带来了巨大的伤亡。一战后，参战各国签订的《凡尔赛条约》中明确规定战败的德国不得再装备重机枪。然而，德国暗地保留了许多MG08重机枪，还在此基础上研制出性能更好的MG34通用机枪和MG42通用机枪等。二战前夕，MG34通用机枪和MG42通用机枪被迅速装备到德国党卫军和国防军一线部队，以适应步、坦协同作战的需要。而MG08重机枪此时已不算先进，但仍在德军二线部队中服役。直到1945年德国投降时，德军中仍有MG08重机枪服役。

战斗状态的MG08重机枪

MG30轻机枪

口径	7.92毫米	弹容量	30发
全长	1172毫米	枪口初速	808米/秒
枪管长	600毫米	最大射速	600发/分
重量	12千克	有效射程	2000米

MG30轻机枪是德国为了逃避《凡尔赛条约》当中有关重机枪的限制而在瑞士索罗通公司生产的轻机枪。

研发与生产

⊕德军军官试射MG30轻机枪

一战结束后，战败的德国受到《凡尔赛条约》的限制，被禁止或限制发展步兵自动武器等军事装备。于是，德国莱茵金属公司便转到中立国瑞士进行秘密的武器研制工作，借此逃避《凡尔赛条约》的限制。1930年，枪械设计师路易斯·斯坦格（Louis Stange）成功研制出MG系列机枪的鼻祖——MG30轻机枪。然而，德国国防军却拒绝接收MG30轻机枪，原因是当时德国军队仍然受到条约限制。因此，莱茵金属公司将MG30轻机枪的生产权授予了瑞士索罗通公司和奥地利斯泰尔公司。由于没有进行大规模的公开生产，MG30轻机枪的产量较少。

构造与原理

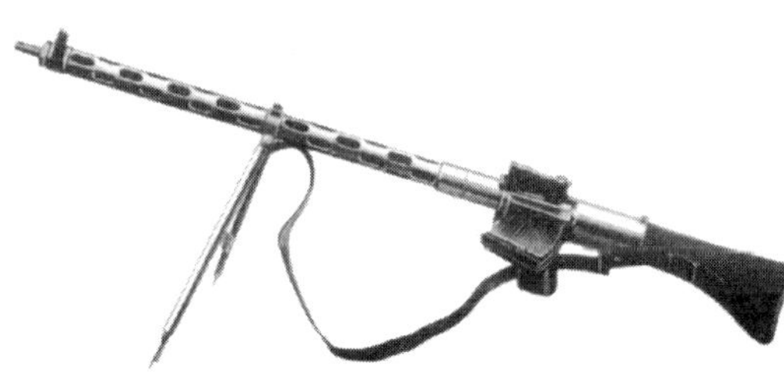
⊕MG30轻机枪左侧视角

MG30轻机枪采用短冲程后坐作用式枪机，结构简单，容易大规模生产。供弹方式为30发弹匣，性能比较可靠。虽然德军较少装备MG30轻机枪，但在1932年装备了另一种源自MG30设计理念的轻机枪——MG13轻机枪。MG13轻机枪继承了MG30轻机枪的许多优秀设计，被大量配发到德军步兵班一级。MG30轻机枪开启了德国气冷式轻机枪的先河，为后来研制出MG15航空机枪、MG17航空机枪、MG34通用机枪以及大名鼎鼎的MG42通用机枪打下了坚实的技术基础。

装备与服役

MG30轻机枪大部分被奥地利和瑞士军队装备，德军后来也装备了少量MG30轻机枪。但由于MG34通用机枪的出现，MG30轻机枪很快便从一线作战部队的武器序列中退出，仅在二线部队中使用。匈牙利军队也购买了一批MG30轻机枪，数量为2000～3000挺。

↑使用MG30轻机枪作战的德军士兵

MG13轻机枪

口径	7.92毫米	弹容量	25/75发
全长	1148毫米	枪口初速	838米/秒
枪管长	718毫米	最大射速	750发/分
重量	12千克	有效射程	2000米

MG13轻机枪是德国用以取代一战遗留下来的MG08/15轻机枪的一款轻机枪，1930年被德军采用并持续使用到二战结束。

研发与生产

20世纪20年代后期，德国着手将德莱赛M1918水冷式轻机枪改造成气冷式轻机枪，改造工作由西蒙公司和祖尔公司负责。改造工作完成后，由于机枪的外形和供弹系统都做了较大改变，于是重新命名为MG13轻机枪。该机枪于1930年开始服役，一度成为德军最主要的机枪。当MG34通用机枪出现后，德国将MG13轻机枪卖给了西班牙和葡萄牙。西班牙仍保留MG13的命名，葡萄牙则改名为德莱赛M1918轻机枪。

⊕ 德军步兵班中配备的MG13轻机枪

构造与原理

⊕ MG13轻机枪两侧视角

MG13轻机枪采用枪管短后坐式工作原理，双臂杆式闭锁机构。双臂杆的回转轴在节套上，闭锁时双臂杆前端支撑枪机，击发后枪管节套和杠杆一起后退，杠杆后端遇到机匣上开锁斜面即行回转、开锁。枪机加速机构为杠杆凸轮式，加速凸轮的回转轴在机匣上。开锁后，枪管迫使加速凸轮回转，加速凸轮长臂迫使枪机加速后退。供弹方式为容纳25发弹的弧形弹匣，也可使用75发鞍形弹鼓供弹。发射机构可进行连发射击，也可单发射击。该枪设有空仓挂机，即最后一发子弹射出后，使枪机停留在弹仓后方。气冷式枪管可迅速更换。MG13轻机枪采用机械瞄准具，配有弧形表尺，折叠式片状准星和U形缺口式照门。

性能与维护

MG13轻机枪发射德国毛瑟98式7.92毫米枪弹，弹壳为无底缘瓶颈式。其一开始设计的弹药供应具为25发的弹匣，但

⊕ 作为防空机枪使用的MG13轻机枪

这对机枪来说太少了，于是又研发了一种弹容量75发的多佩尔特·罗梅尔鞍形弹鼓，使其火力持续性大大提高。由于采用了气冷式枪管，MG13轻机枪比较轻便，可以由步兵手提射击或装在装甲车上作为车载机枪（一号坦克的武装即为2挺MG13轻机枪），也可以装在三脚架上作为防空机枪。

MG15机枪

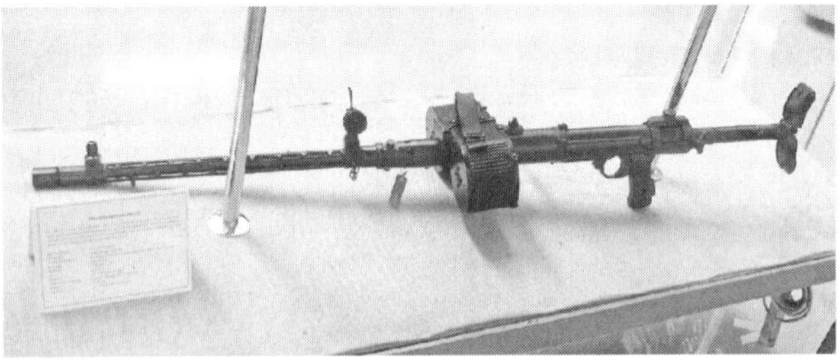

口径	7.92毫米	弹容量	75发
全长	1078毫米	枪口初速	755米/秒
枪管长	690毫米	最大射速	1050发/分
重量	12.4千克	有效射程	2000米

MG15机枪是德国莱茵金属公司在MG30轻机枪基础上研制的航空机枪，德军曾在二战中后期临时装上枪托和脚架，作为地面武器使用。

构造与原理

俯视MG15机枪

MG15机枪采用枪管短后坐式工作原理，供弹机构为马鞍形弹鼓。击发机构为击针式，利用复进簧能量击发。发射机构为连发发射机构，由阻铁直接控制枪机成待发状态。退壳机构为弹性拉壳钩与摆动式刚性退壳挺。枪管缓冲器为矩形断面螺旋弹簧。该枪外表光滑，整个枪身近似长圆筒形。MG15机枪设有手枪式握把，采用机枪中部的两个水平对称耳轴与一个轻型两脚架连接，可作为地面武器使用。

装备与服役

二战前期，MG15机枪是德国空军大多数战机的主要武器之一。到了战争中后期，由于各国飞机的防护性能提升，该机枪的威力已经不能满足空战需要，因此德军将许多MG15机枪从飞机上拆下，经改造后装备德国空军地面部队。改造后的MG15机枪增设了两脚架、提把和枪托，使用飞机上原用的鞍形弹鼓供弹。作战前，士兵必须事先准备许多装满弹药的弹鼓。

安装了脚架的MG15机枪

地面部队使用MG15机枪作战

MG17机枪

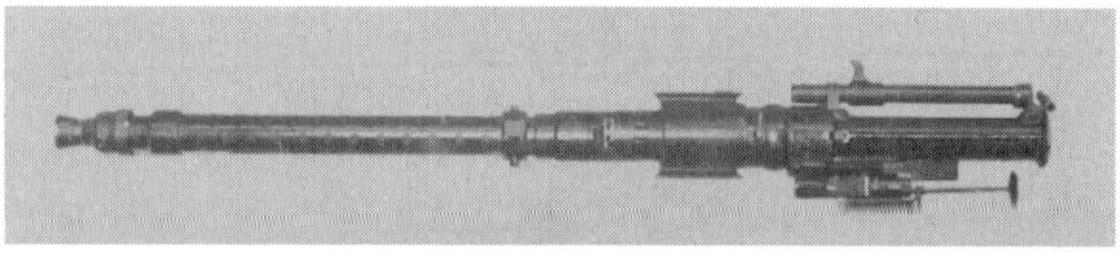

口径	7.92毫米	弹容量	500发
全长	1175毫米	枪口初速	855米/秒
枪管长	600毫米	最大射速	1200发/分
重量	10.2千克	有效射程	1800米

MG17机枪是二战中德国空军固定在飞机上使用的7.92毫米航空机枪，战争后期也被改造为步兵使用的重型武器。

研发与生产

MG17机枪由德国莱茵–博尔西克公司制造，1934年设计定型，同年开始批量生产并一直持续到1944年。截至1944年1月1日，德国官方公布的生产数量为24271挺。

装备与服役

MG17机枪采用枪管后坐作用原理，发射7.92×57毫米毛瑟弹，供弹方式为500发弹药箱。该机枪曾被安装在Bf-109战斗机、Bf-110战斗机、Fw-190战斗机、Ju-87轰炸机、Ju-88C轰炸机、He-111轰炸机、Do-17轰炸机、Fw-189侦察机等作战飞机上。到了战争后期，MG17开始被更大口径的机枪和机炮代替，到了1945年，几乎没有飞机再使用这种机枪了。从飞机上拆除后，部分MG17机枪被改装为步兵使用的重型武器。

⊙ 装在德军战机上的MG17机枪

MG34通用机枪

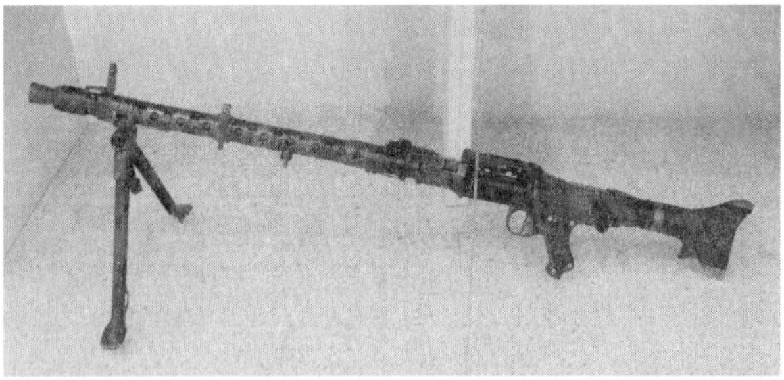

口径	7.92毫米	弹容量	50/75/250发
全长	1219毫米	枪口初速	762米/秒
枪管长	627毫米	最大射速	1000发/分
重量	12.1千克	有效射程	800米

MG34通用机枪是20世纪30年代德军步兵的主要机枪，也是德军坦克及装甲车辆的主要防空武器。

研发与生产

MG34通用机枪由毛瑟公司的海因里希·沃尔默设计，以莱茵金属公司研制的MG30轻机枪改良而成，供弹方式由弹匣改为弹链，并加入枪管套，射速提高到每分钟800～900发。MG34通用机枪是德国在二战中的主力机枪之一，直到二战结束德军战败才停止生产。在这期间，德国一共生产了大约35万挺MG34通用机枪及其衍生型。

德军机枪小组正在使用MG34通用机枪

使用MG34机枪的党卫军机枪组

构造与原理

MG34通用机枪采用枪管短后坐式工作原理，闭锁机构为机头回转式。发射机构具有单发和连发功能，扣压扳机上凹槽时为单发射击，扣压扳机下凹槽或用两个手指扣压扳机时为连发射击。MG34通用机枪可用弹链直接供弹，作为轻机枪使用时的弹链容量为50发，作为重机枪使用时用50发弹链彼此连接，弹容量为250发。该枪还可用50发弹链装入的单室弹鼓或75发非弹链的双室弹鼓挂于机匣左面作供弹，但改装成75发双室弹鼓后无法直接改回弹链供弹。MG34通用机枪使用的弹药和毛瑟步枪相同，为7.92×57毫米枪弹。

MG34通用机枪的枪管可以快速更换，只需将机匣与枪管套间的固定锁打开，再将整个机匣旋转即可取出枪管套内的枪管。该枪的扳机设计独特，扳机护环内有一个双半圆形扳机，上半圆形为半自动模式，而下半圆形设有按压式保险的扳机则为全自动模式。MG34通用机枪的准星为折叠式，表尺为带高射瞄准具的折叠、立式

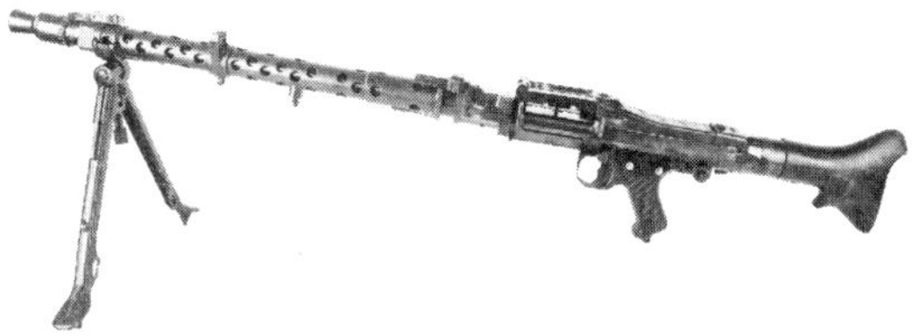

MG34通用机枪左侧视角

后照准器。作为高射机枪时，有简单的高射瞄准环。

性能与维护

MG34通用机枪综合了许多老式机枪的特点，同时也有不少独特的改进。它是世界上第一种大批量生产的现代通用机枪，既可作为轻机枪使用，也可作为重机枪使用。

MG34通用机枪不但大量使用贵重金属，而且其散热片、机匣等零件都用整块金属切削而成。因此，该枪虽然性能较为出色，但材料利用率低，而且工艺复杂、加工时间长。由于射速高，枪管较易过热，该枪也较易出现故障。

⇧架在战壕中的MG34通用机枪

⇧德军步兵使用MG34通用机枪协同坦克作战

装备与服役

MG34通用机枪在推出后立即成为德军的主要武器，并在西班牙内战中投入使用。虽然MG34通用机枪的出现是为了替代MG13和MG15等老式机枪，但因为德军战线太多，直至二战结束都未能完全取代，而后来的MG42通用机枪同样没能取代MG34通用机枪。因此，二战中德军的机枪装备比较杂乱。

在二战初期使用MG34机枪的德军士兵

使用MG34机枪在法国作战的德军士兵

在雪地中作战的MG34机枪组

莫斯科战役中被苏军缴获的MG34机枪

MG42通用机枪

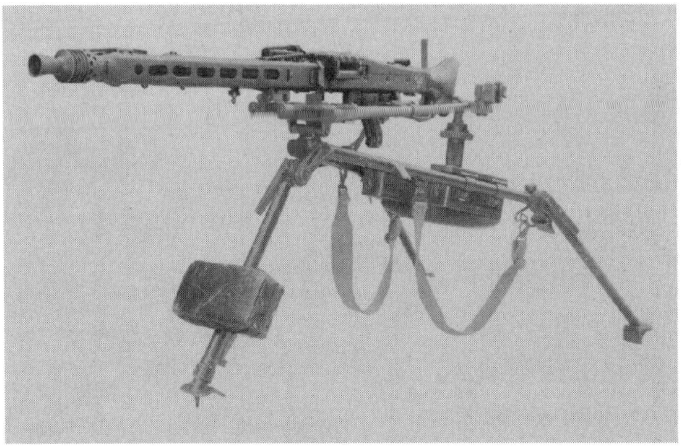

口径	7.92毫米	弹容量	250发
全长	1120毫米	枪口初速	755米/秒
枪管长	533毫米	最大射速	1200发/分
重量	11.57千克	有效射程	2000米

MG42机枪是德国于20世纪30年代研制的通用机枪，是二战中最著名的机枪之一，被称为“希特勒的电锯”。

研发与生产

MG34通用机枪装备德军后，在实战中表现出较好的可靠性和射击性能，很快得到了德国军方的肯定，从此成为德国步兵的火力支柱。然而，MG34通用机枪有一个比较严重的缺点，即结构复杂，而复杂的结构直接导致制造工艺的复杂——耗费更多的工时和材料。但战争中需要的是可以大量制造和装备部队的机枪，以MG34通用机枪的生产能力，即使德国所有工厂全部开足马力也无法满足前线的需要。

有鉴于此，德军一直要求武器研制部门对MG34通用机枪进行改进。德国专家针对MG34通用机枪有过多种改进方案，其中一种由德国金属冲压专家格鲁诺夫博士完成。他对MG34通用机枪进行了多项重要的改进，其性能远超其他方案。最终，格鲁诺夫博士的方案发展成MG42通用机枪。

↑使用MG42通用机枪的德军机枪组

MG42通用机枪可以通过简单流水线制造，其造价只有MG34通用机枪的70%，所费工时和材料只有MG34的50%。整个二战中，MG42通用机枪生产了约100万支（另一种说法为70万支），数量非常庞大。

构造与原理

MG42通用机枪采用枪管短后坐式工作原理，滚柱撑开式闭锁机构，击针式击发机构。该枪的供弹机构与MG34通用机枪相同，但发射机构只能连发射击，机构中设有分离器，不管扳机何时放开，均能保证阻铁完全抬起，以保护阻铁头不被咬断。该枪使用德国毛瑟98式7.92毫米枪弹，射速非常快，并会发出独特的撕裂布匹

↑装有脚架的MG42通用机枪

般的枪声。因此，MG42通用机枪被各国军人取了许多绰号，如“亚麻布剪刀”“希特勒的拉链”“希特勒的电锯”或“骨锯”等。

MG42通用机枪的枪管更换装置结构特殊且更换迅速，该装置由盖环和卡笋组成，它们位于枪管套筒后侧，打开卡笋和盖环，盖环便迅速地将枪管托出。该枪采用机械瞄准具，瞄准具由弧形表尺和准星组成，准星与照门均可折叠。

性能与维护

德军士兵在巷战中使用MG42通用机枪

二战中，德国步兵的战术是以机枪为核心，步兵班由机枪小组和步枪小组构成。发起攻击时，机枪小组负责压制敌军据点，步枪小组则利用地形接近敌军据点，然后在近战中用冲锋枪或手榴弹将敌军歼灭。而在防御时，机枪小组也是火力支柱，步枪小组负责警戒和保护机枪小组。MG42通用机枪完全可以胜任德军的战术需要，压制能力相当出色。该枪的射程和其他国家的机枪基本相当，但射速要快得多，一般机枪根本无法在对射中胜过MG42通用机枪。在实战中，MG42通用机枪非常可靠，即使在零下40℃的严寒中，MG42通用机枪依然可以保持稳定的射击速度。

装备与服役

MG42通用机枪于1942年研发并且广泛装备德军，准备取代MG34通用机枪，不过最后是两款机枪一起沿用到战争结束。二战后，苏联、法国、以色列、奥地利、比利时、哥伦比亚、芬兰、希腊、荷兰、匈牙利、葡萄牙、罗马尼亚、西班牙和土耳其等国均通过不同途径取得并使用过MG42通用机枪。

手持MG42通用机枪的葡萄牙士兵

⊕ 装备MG42通用机枪的德国伞兵

MG45通用机枪

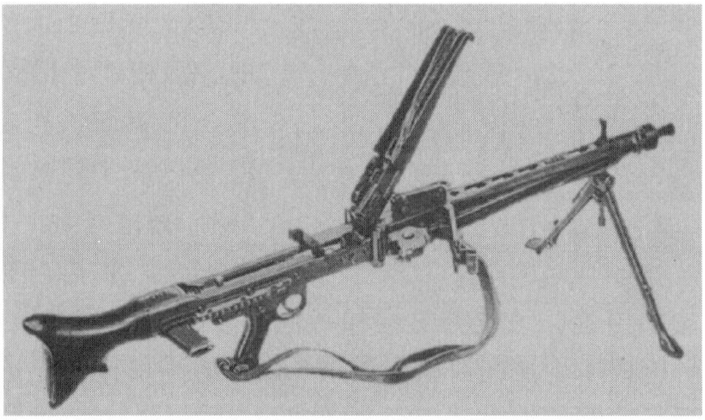

口径	7.92毫米	弹容量	250发
全长	1140毫米	枪口初速	760米/秒
枪管长	600毫米	最大射速	1500发/分
重量	9千克	最大射程	4000米

MG45机枪是以MG42机枪为基础研制的通用机枪，又称MG42V。由于二战末期德国物力不足，MG45产量极少，但其设计对战后的多款枪械都有启迪作用。

研发与生产

二战末期，德国物力资源日渐贫乏。在这样的背景之下，MG42通用机枪又出现了一款衍生型——MG42V。尽管MG42V是在MG42的基础上研制而成的，但机枪操作方式已经有了大幅改变，基本上可以算作全新的机枪，因此又被命名为MG45通用机枪。

1944年6月，MG45通用机枪开始进行试射，一共发射了12万发子弹并且能成功维持每分钟1350发的射速。尽管该枪的性能比较优秀，但最终因为德国物力不足而只生产了10挺就宣告结束。

构造与原理

MG45将MG42的滚轴式枪机改为延迟反冲枪机，因此理论上所需要的工时与成本又进一步减少，并且机枪重量减轻到9千克左右。尽管MG45与MG42的枪机运作都有滚轴，但MG42的枪管为浮动式，而MG45的枪管是固定的，这是MG45和MG42的最大区别。MG45不需要在发射前完全关闭膛室，由此增加了射速并简化了设计和结构。在外观上，由于不需要安装枪口增压器，MG45的枪管较短。

尽管MG45的产量很少，但它并没有因此湮没在历史的长河中。二战结束后，德国HK公司著名的HK G3自动步枪、HK33突击步枪与HK MP5冲锋枪都借鉴了MG45的枪机运作原理。

MG81机枪

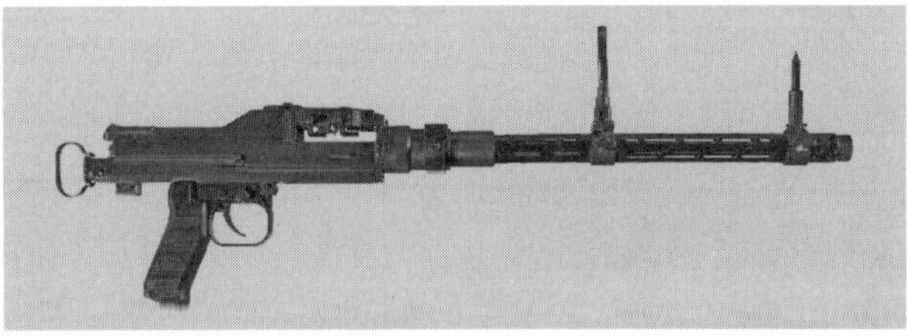

口径	7.92毫米	供弹方式	弹链
全长	965毫米	枪口初速	790米/秒
枪管长	475毫米	最大射速	1600发/分
重量	6.5千克	衍生型	MG81 Z

MG81机枪是纳粹德国在二战期间研发的一种安装到飞机上使用的MG34的变型枪。

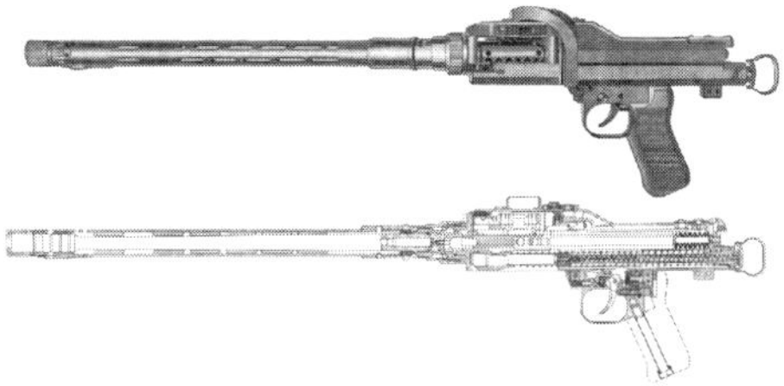

↑ MG81机枪示意

研发与生产

MG81机枪（上）与MG81 Z（下）

MG81是一款在二战期间服役于德国空军、装备在军机上的机枪，MG81主要以弹链进弹，其研发目的是替换老式弹鼓进弹的MG15机枪。MG81是以MG34机枪为基础由毛瑟公司开发出来的衍生品，当时的开发意图是为了减少生产成本与时间，并强化其作战性能。MG81机枪自1938年与1939年开发并在1940～1945年量产。至1944年初，一共生产了46000挺机枪，其中组成了20378挺MG81 Z，其余都是单挺的MG81机枪。

其衍生型号MG81 Z是将两挺MG81合成一挺双联装，该枪于1942年量产，每分钟火力达至约3200发，而且占用空间并不比一挺机枪大很多。

正在使用MG81机枪的德国士兵

构造与原理

MG81机枪是MG34的变型枪。作为航空机枪的MG81改变了枪尾结构和受弹器的设计，改为左右两侧均能供弹，射速最高提至1600发/分。除了能单枪使用外，MG81 Z（Z为zwilling，德语的“双”）只需要一个扳机就可以控制两挺并列机枪同时射击。

性能与维护

与原本的MG15和MG17相比，MG81的性能更好，因此德国原计划要让MG81取代MG15和MG17。但到战争结束时MG81的产量都不足，所以MG15和MG17直到战争结束还在德国飞机上使用。不过当德国空军丧失了空中优势后，许多航空机枪（如MG15和MG81）装上枪托和两脚架，这些由航空机枪改装而成的步

安装在Fw189侦察机上的MG81机枪

兵机枪被用于地面防御，作战表现相当不错。

MG81 Z主要搭载于纳粹德国空军军机之上用以对付特殊目标。以Do 217轰炸机为例，MG81 Z一般安装在机尾圆锥体区域。R19为工厂的改装套件，可以让Do 217轰炸机机组成员发现尾随敌机时马上还击。另一个例子是Ju 88轰炸机上安装三具MG81 Z机枪作火力夹舱之用，扫射地面目标。

MG131重机枪

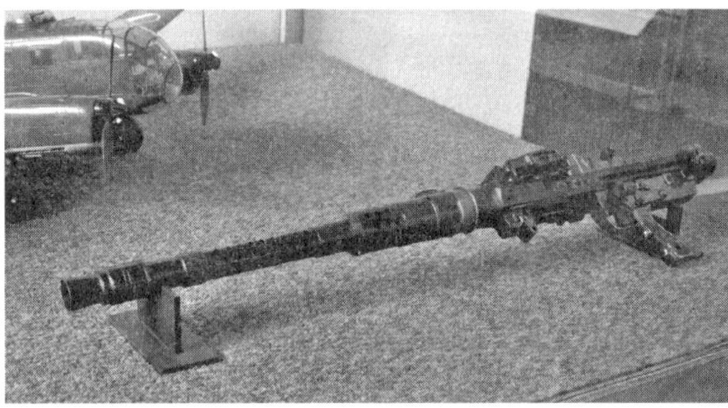

口径	13毫米	供弹方式	弹链
全长	1170毫米	枪口初速	750米/秒
枪管长	1140毫米	最大射速	900发/分
重量	16.6千克	有效射程	1800米

MG131是德国莱茵金属公司于1938年开发出的一款德制13毫米口径重机枪。

研发与生产

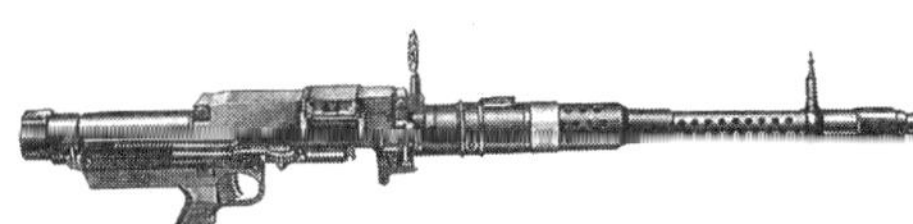

↑ MG131重机枪示意

MG131重机枪在1940～1945年开始进行大规模生产。二战期间纳粹德国战机上曾配置1～2挺MG131重机枪。它主要安装在Bf 109战斗机、Me 410战斗机、Fw 190战斗机、Ju 88轰炸机、Ju 388、He 177轰炸机与其他军机上作为辅助武器。它可以作为固定机枪也可以作为活动机枪，还可以改装为双座并列机枪。

↑ 安装在战机上的MG131重机枪

构造与原理

MG131重机枪开火是借由电力驱动弹药的方式以保持高射速，当射击时会穿过单引擎战斗机的螺旋桨。2挺MG131机枪的武装配置主要是出现在Bf 109G战斗机（在机身上发现到单边各出现一个泡型罩或肿包，在发动机后上方靠近机翼的区域，这个额外空间可以安装更大后膛的新式机枪）后期的武装整流罩与Fw 190战斗机上面。

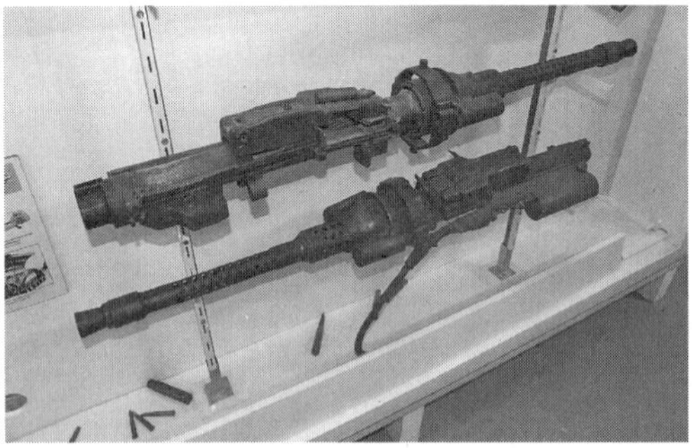

保存在博物馆中的MG131重机枪

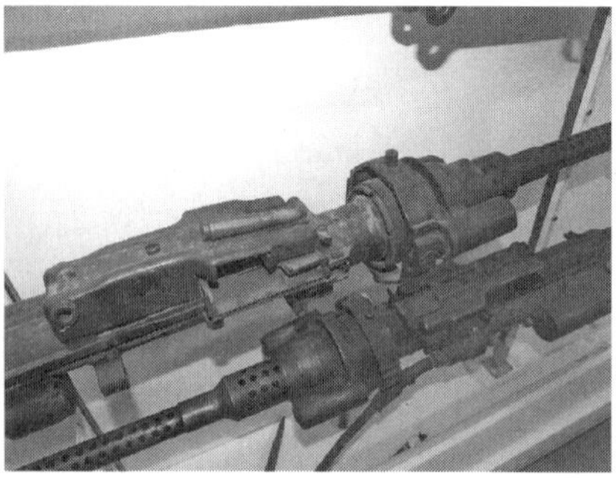

MG131重机枪局部特写

2.3 冲锋枪

MP18冲锋枪

口径	9毫米	弹容量	32/50发
全长	832毫米	枪口初速	380米/秒
枪管长	200毫米	最大射速	500发/分
重量	4.18千克	有效射程	100米

MP18冲锋枪是一战时期由德国枪械设计师雨果·施迈瑟所开发的冲锋枪，因其生产厂家也被称为伯格曼冲锋枪。

研发与生产

一战期间，战斗转入堑壕战后，步兵以密集队形集群冲锋会遭到机枪的猛烈攻击导致大量伤亡。战争后期，德国军队为打破堑壕战的僵局采用了一种称为“暴风突击队”的小分队“渗透突击战术”。当时，机枪的重量大不适合单兵便携，需要近距离使用火力猛烈且轻便可靠的单兵武器。1917年德国研制了一种使用手枪子弹的新式自动武器，以配合德军的突击战术。新武器定名为MP18，设计者为雨果·施迈瑟，后来经过改进而成MP18 Ⅰ，由伯格曼兵工厂生产。

一战时期手持MP18冲锋枪的德国警察

携带MP18冲锋枪的德军士兵

构造与原理

MP18冲锋枪由枪机组件、枪身组件、枪托组件、弹匣组件以及枪管组件所组成。如果不将螺钉计算在内，全枪仅有37个零件。虽然MP18冲锋枪的加工相比二战时期普遍流行的铆接、焊接等工艺较为复杂，但是其制造工艺在当时来说已经非常先进了。

MP18冲锋枪采用自由枪机式自动原理，没有单发功能，仅能连发射击。枪机为一体式大质量枪机，以利于降低射速和加工成本，枪机质量为650克。除枪托和扳机座外，MP18冲锋枪所有的零件都可直接从方钢材料、标准圆钢或管材上下料加工。该枪制作最为复杂的零件是弹匣和枪管，如果不将这两个零件计算在内，一个熟练的枪械师在一天之内便可制成一支MP18冲锋枪。

性能与维护

↑ 采用长条形弹匣的MP18冲锋枪

↑ 采用蜗牛形弹鼓的MP18冲锋枪正在装弹

MP18冲锋枪是世界上第一种实用型冲锋枪，虽然精度不高，而且射程较近，但是却拥有凶猛的火力，非常适合突击队使用。MP18冲锋枪原本采用的是长条形弹匣，不过应德国军方的要求，之后换用了蜗牛形弹鼓。为此，该枪的弹匣插槽还做了一些修改。后来，由于蜗牛形弹鼓在实战中较为笨拙，制作更为复杂，而且还影响美观性，所以在一战结束后又改用了长条形弹匣。在MP18冲锋枪的基础上，还开发出了MP28冲锋枪，拥有MP18冲锋枪所没有的单发/连发切换功能。

装备与服役

MP18冲锋枪除装备德军之外，还曾被法国、日本、玻利维亚、葡萄牙、巴拉圭、也门、瑞典、西班牙等国家装备，并先后参与了一战、西班牙内战和二战等多场战争。

↑ 一战期间手持MP18冲锋枪的德军士兵

MP34冲锋枪

口径	9毫米	弹容量	32发
全长	850毫米	枪口初速	410米/秒
枪管长	200毫米	最大射速	500发/分
重量	4.48千克	有效射程	200米

MP34（Maschinenpistole34）冲锋枪是由奥地利斯泰尔公司生产的冲锋枪，在20世纪30年代至二战期间被奥地利警察以及随后的德国国防军和党卫军所采用，而部分国家和组织在70年代时仍在使用。

研发与生产

1931年，斯泰尔公司买下了瑞士索罗通公司，其中包括索罗通公司的一些新项目。在这些新项目中，包括了一款由路易斯·斯坦格和西奥多·拉库拉研制的新式冲锋枪。之后，斯泰尔公司在此基础上研制成了MP30冲锋枪，并将其改进成MP34冲锋枪。由于MP34冲锋枪可发射9毫米毛瑟大威力手枪弹，所以该枪在二战的冲锋枪中有着特殊的地位。不过由于成本原因，1940年便已停止生产。

构造与原理

MP34冲锋枪是一支击发调变式（单发或全自动）武器，以反冲作用枪机射击，开膛待击。该枪使用9毫米斯泰尔枪弹或鲁格枪弹，也可以发射毛瑟枪弹。弹匣上沿有能够压弹的装填机构，不过并非所有的MP34冲锋枪都有这个装填装置。擦拭枪支时，需要按一下机匣上的一个按钮，同时将机匣盖后面

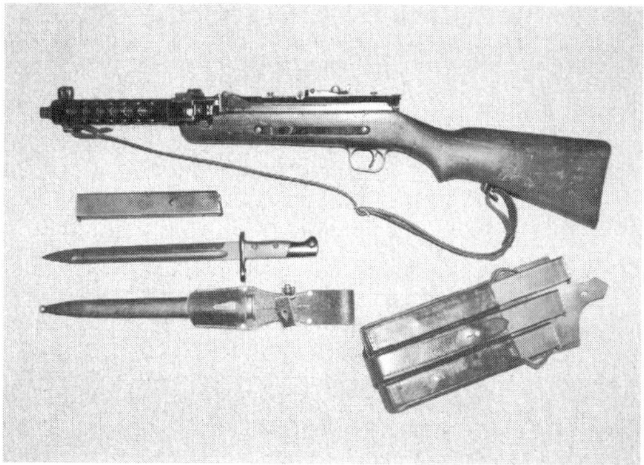

⊕ MP34冲锋枪及其配件

的挡板向前推，向上折起机匣盖，再稍微向后拉枪机，即可将其取出。

所有的MP34冲锋枪均配备了一个带有半手枪式握把的木制枪托。枪管被穿孔式隔热罩所封闭，右侧有刺刀固定凸耳，以便安装刺刀。机械瞄具为步枪式准星（连帽或开顶式）和照门，后者的表尺分划为100～500米。该枪还可装上可拆卸式两脚架，以提高稳定性。

性能与维护

MP34冲锋枪的制造材料为当时可以使用的最高级材料，而制成品也全部通过严密的检验标准，品质上乘。不过，制造出MP34高质量的代价是其背后的高昂生产成本。由于生产成本高，MP34冲锋枪在1940年停止生产。

装备与服役

1930年，奥地利警察采用了MP34的原型枪S1-100，并命名为斯泰尔MP30，发射警方标准的奥地利9×23毫米斯泰尔手枪弹。奥地利军队所采用的S1-100则命名为斯泰尔MP34，发射火力较为强大的9×25毫米毛瑟出口型手枪弹。该武器也被出口到智利、玻利维亚、萨尔瓦多、乌拉圭和委内瑞拉等国。

由于1938年德国吞并奥地利，德国陆军获得了大部分可用的斯泰尔MP30冲锋枪和MP34冲锋枪。1940年中期，MP34冲锋枪停止生产，并将斯泰尔的生产线改为生产MP40冲锋枪。与二战时期德军其他冲锋枪相比，MP34冲锋枪在前线军队的服役时间显得相对较短。其后，它被分配到后方联络线和预备役部队，包括宪兵和战地宪兵分队中使用。

⬆德军士兵手持MP34冲锋枪

MP35冲锋枪

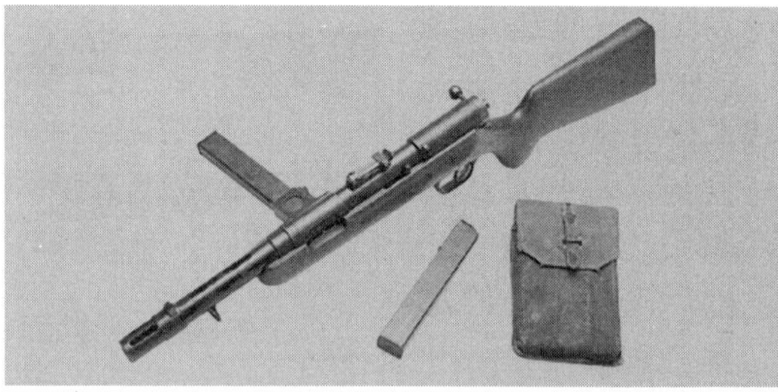

口径	9毫米	弹容量	32发
全长	840毫米	枪口初速	365米/秒
枪管长	200毫米	最大射速	540发/分
重量	4.24千克	有效射程	200米

MP35（Maschinenpistole 35）是德国于20世纪30年代初期研制的冲锋枪，在二战期间被德国国防军、党卫军和德国警察所采用。

研发与生产

MP35冲锋枪的前身是丹麦舒尔茨-拉森公司生产的MP32冲锋枪（由德国伯格曼公司授权生产），后者发射的是9×23毫米伯格曼枪弹。后来，伯格曼公司对MP32的设计进行了更新，并于1934年推出伯格曼MP34冲锋枪。由于伯格曼公司的生产能力有限，需要将生产工程转移到卡尔·瓦尔特公司的采拉-梅利斯工厂。这家德国公司生产了大约2000支伯格曼MP34冲锋枪，作为出口和国内销售用途。在1935年，伯格曼MP34冲锋枪出现了一款简化版本，被命名为伯格曼MP35冲锋枪。

MP35冲锋枪的初步生产订单也是在瓦尔特公司生产，在1936～1940年之间，生产了大约5000支。随着二战的爆发，MP35冲锋枪的生产工作由瓦尔特公司再次转移至勇克-活特公司，并且一直生产至1944年。在战争期间，勇克-活特公司共生产了约40000支MP35冲锋枪。

构造与原理

MP35冲锋枪是一支反冲作用、开放式枪机操作击发调变式冲锋枪。该武器的机匣具有一个装在后部的非往复运动的拉机柄，并以类似毛瑟步枪的旋转后拉式枪机的方式操作。MP35冲锋枪的保险在机匣左侧，射手可以通过向扳机施加不同的压力选择其发射模式，在扳机第一段为半自动模式，继续扣到底的第二段则为全自动模式。

与当时许多其他的冲锋枪相反，MP35冲锋枪的弹匣是从武器的右侧插入。早期版本使用专用的弹匣，之后使用的是与施迈瑟MP28冲锋枪兼容的弹匣。枪管被连散热槽的管状护套所包覆，枪口制退器/补偿器设在枪口前方。

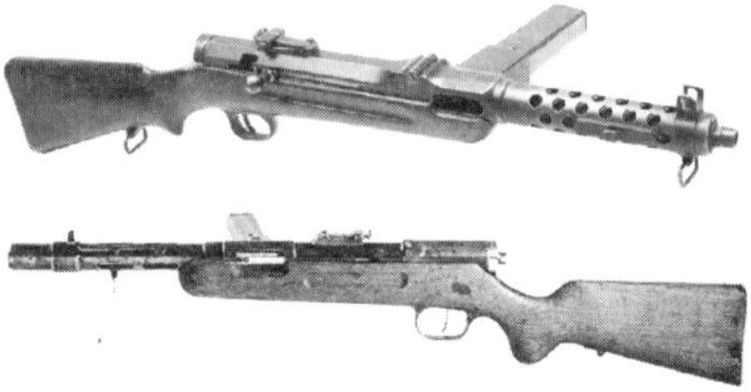

↑ MP35冲锋枪两侧视角

装备与服役

伯格曼MP35冲锋枪主要供德国国防军、党卫军和警察使用，不过也出口到西班牙、埃塞俄比亚、玻利维亚和瑞典等国。

MP38冲锋枪

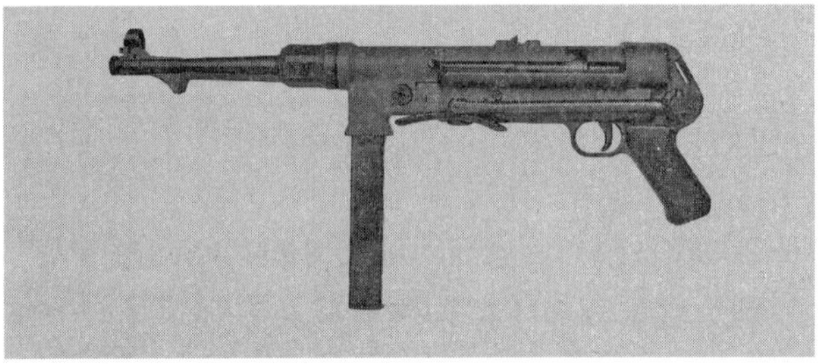

口径	9毫米	弹容量	32发
全长	833毫米	枪口初速	381米/秒
枪管长	251毫米	最大射速	500发/分
重量	4.086千克	有效射程	200米

MP38是1938年由德国埃尔马兵工厂为满足装甲部队和伞兵部队的需要而制造的一款冲锋枪，同年列装部队，并取名为MP38。1939年德国对MP38进行了改进，改进后命名为MP38/40冲锋枪。二战期间，德国的伞兵和装甲部队曾装备这款冲锋枪作战。但有一部分该型枪被其改进型所代替。

MP38冲锋枪是世界上第一支成功使用折叠式枪托和采用钢材与塑料制成的冲锋枪，采用自由枪机式工作原理。复进簧装在三节不同直径套叠的导管内，导管前端为击针。射击时，枪机后坐带动击针运动，并压缩导管内的复进簧，使复进簧平稳运动。该枪的机匣用钢管制成，发射机框为阳极氧化处理的铝件，握把和前护木均为塑料件。枪口部有安装空包弹射击用的螺纹，螺纹上装有保护衬套。枪托用钢管制成，向前折叠后正好位于机匣下方。该枪是通过将拉机柄推入机柄槽内的缺口实现简易保险的，这种保险机构可将枪机挂在后方位置，但动作不可靠，容易走火。

士兵正在使用MP38冲锋枪

装备MP38冲锋枪的德国士兵

MP40冲锋枪

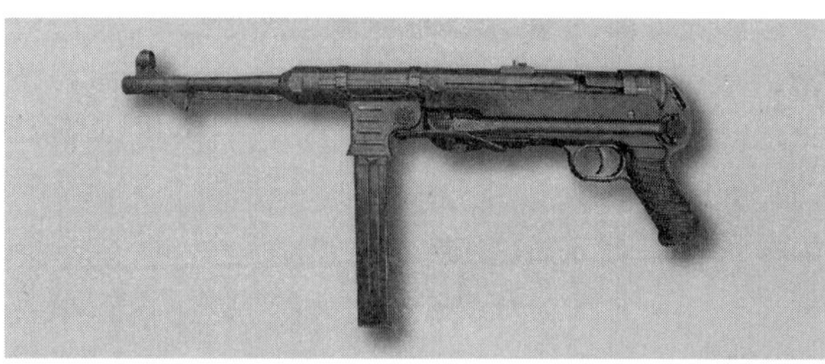

口径	9毫米	弹容量	32发
全长	833毫米	枪口初速	380米/秒
枪管长	251毫米	最大射速	550发/分
重量	4千克	有效射程	100米

MP40（Maschinenpistole 40）冲锋枪是二战期间德国军队使用最广泛、性能最优良的冲锋枪。

研发与生产

MP40冲锋枪由采用冲压金属机匣的MP36试验型冲锋枪改良而来。1938年，埃尔马兵工厂对MP36冲锋枪进行改进，形成了MP38冲锋枪。但是

MP38冲锋枪的保险装置不太可靠，在受到较大震动时容易造成走火，于是又针对保险机构进行了修改，修改后的冲锋枪被命名为MP40。虽然MP40经常被美英联军士兵称为“施迈瑟冲锋枪”，但是德国著名枪械设计师路易斯·施迈瑟本人并未参与该枪的设计工作，不过其子雨果·施迈瑟倒是参与了衍生型MP41的改良工作。1940～1945年间，德国一共生产了超过100万支MP40冲锋枪。

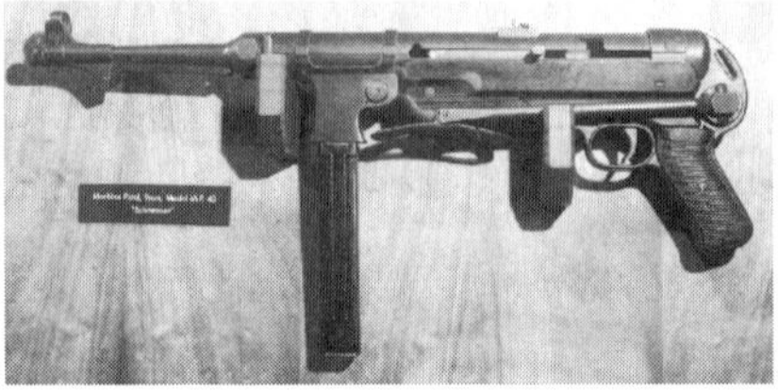

保存至今的MP40冲锋枪

构造与原理

MP40冲锋枪结构简单但设计精良，发射9毫米口径鲁格弹，以直型弹匣供弹，采用开放式枪机原理、圆管状机匣，移除枪身上传统的木制组件，握把及护木均为塑料，简单的折叠式枪托使用钢管制成，向前折叠到机匣下方，以便于携带，枪管底部的钩状座可由装甲车的射孔向外射击时固定在车体上。

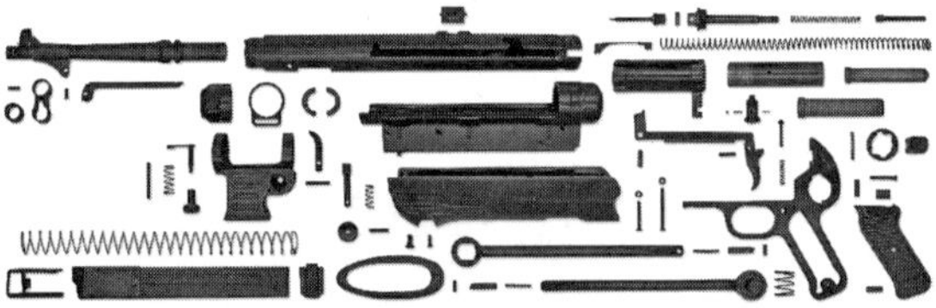

MP40冲锋枪分解图

MP40冲锋枪是一种为便于大量生产而设计、与传统枪械制造观念迥然不同的冲锋枪。它大量采用冲压、焊接工艺的零件，生产时零件在各工厂分头生产，然后在总装厂进行统一装配，这种模式非常利于大规模生产。

手持MP40冲锋枪的德军步兵

性能与维护

MP40冲锋枪具有现代冲锋武器的几个最显著的特点：制造简单、造价低廉、后坐力小、精准度高、短小便携。在二战期间大量装备的冲锋武器中，MP40冲锋枪具有较高的精度。由于其后坐力小且射速较低，MP40冲锋枪在有效射程内的射击非常精确，在持续射击中的精度也很出色。MP40冲锋枪的枪身折叠后仅长630毫米，非常适合于装甲兵、伞兵和山地部队使用，尤其是在狭窄的车厢和飞机的机舱里。

MP40冲锋枪的缺点在于射速低和装弹量少，两项指标均不如苏联波波沙冲锋枪。在苏德战争中，很多德国士兵都抛弃自己的MP40冲锋枪，捡起一把有着71发弹鼓且射速更快的波波沙冲锋枪。

德军山地兵装备的MP40冲锋枪

装备与服役

MP40冲锋枪是二战时期德军的主要武器装备之一，受到德军作战部队的欢迎。它在近距离作战中可提供密集的火力，不但装备了德国装甲部队和伞兵部队，在步兵单位的装备比率也不断增加，也是优先配发给一线作战部队的武器。除德国外，奥地利、比利时、以色列、意大利、克罗地亚等国也有使用，二战后还曾出现在多场局部战争中。

腰挎MP40冲锋枪的德军步兵

装备MP40冲锋枪的国防军士兵

MP3008冲锋枪

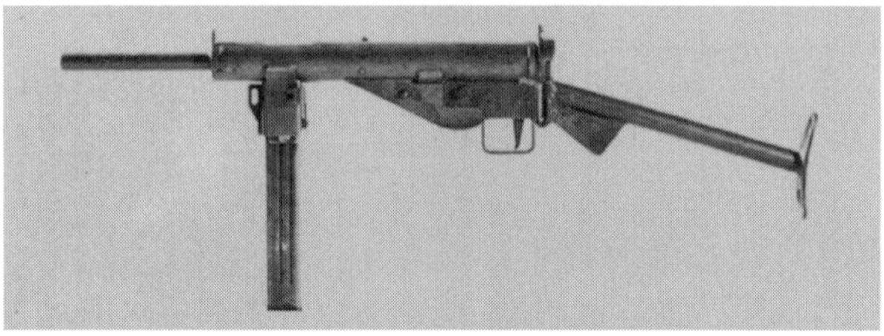

口径	9毫米	弹容量	32发
全长	760毫米	枪口初速	365米/秒
枪管长	196毫米	最大射速	450发/分
重量	3.2千克	有效射程	100米

MP3008（Maschinenpistole 3008）是德国在二战末期制造的一种冲锋枪，其设计与英国斯登冲锋枪非常相似。

研发与生产

二战后期，德国各类资源非常欠缺，尤其是金属方面。为了节省资源和提高生产速度，德国决定生产一种制造速度更快且成本更为低廉的冲锋枪与MP40冲锋枪共同装备军队，这就是MP3008冲锋枪。MP3008冲锋枪于1945年上半年设计定型并开始生产，到德国战败时停产，一共生产了10000支左右。

⊙德军军官检视MP3008冲锋枪

构造与原理

MP3008冲锋枪采用廉价的气体反冲式和开放式枪机设计，这种设计使得MP3008冲锋枪能够在小型工厂中进行生产。该冲锋枪采用全钢铁制作，没有设计握把，使用MP40冲锋枪的弹匣。除了将供弹口的设计改为下置外，MP3008冲锋枪的其他设计与英国斯登冲锋枪基本相同。

MP3008冲锋枪

EMP44冲锋枪

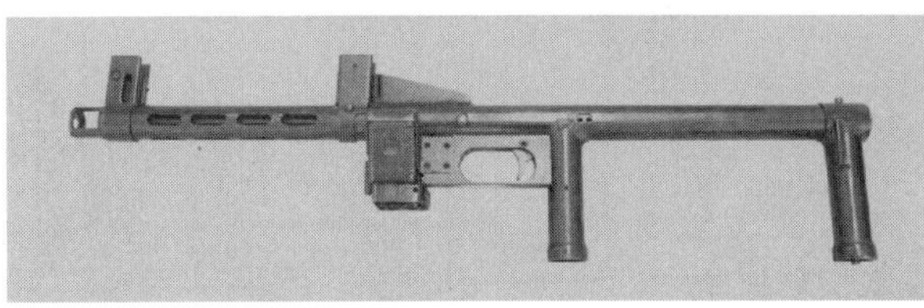

口径	9毫米	弹容量	32发
全长	720毫米	枪口初速	365米/秒
枪管长	250毫米	最大射速	500发/分
重量	3.6千克	有效射程	200米

EMP44冲锋枪是德国在二战期间研制的一种非常简易的冲锋枪，是战争时期追求低成本的产物。

研发与生产

EMP44冲锋枪是1942～1943年由厄尔玛兵工厂研制的，原计划用来装备装甲车和防御工事中的步兵，后来没有被部队采用，只生产了样枪和试验用枪。

构造与原理

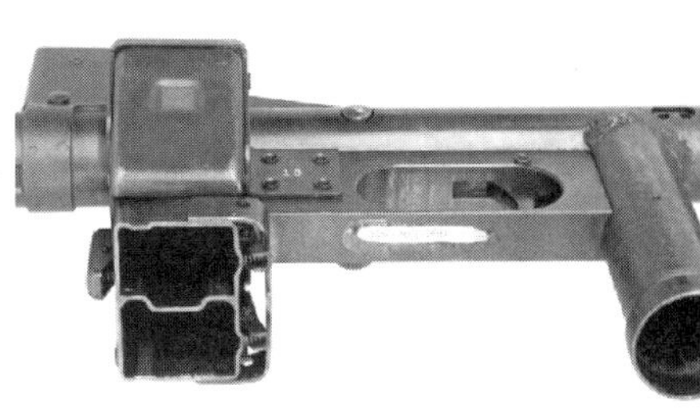

EMP44冲锋枪局部特写

EMP44冲锋枪的结构颇有特色，为了降低成本，该冲锋枪的结构非常简单，从外观来看，几乎是用几根金属管子拼接而成。EMP44冲锋枪的机匣、枪管套和枪托部件为一根金属管，握把也是一根焊接在机匣下方的短管，焊在长管下方的一根金属管为肩托，枪托管内部装有一个固定复进簧的螺帽。该冲锋枪采用自由枪机式自动原理，只可连发射击，瞄准具为片状准星加V型缺口照门，并有L形翻转表尺，表尺射程为100～300米。

2.4 手　枪

鲁格P08半自动手枪

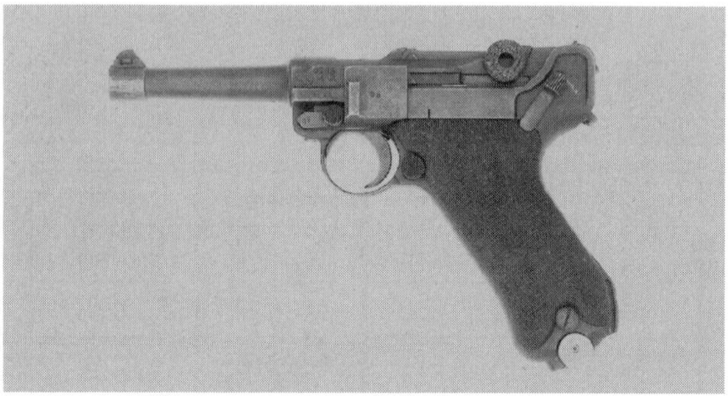

口径	7.65毫米/9毫米	重量	850克
全长	222毫米	枪口初速	351米/秒
枪管长	95～200毫米	有效射程	50米

鲁格P08（Luger P08）手枪是两次世界大战里最具有代表性的手枪之一，它和瓦尔特系列手枪都是德军的重要武器。

研发与生产

1893年，美籍德国人雨果·博尔夏特发明了世界上第一种自动手枪——7.65毫米C93博尔夏特手枪，该枪外形笨拙不实用。后来，与他同一个工厂的乔治·鲁格对这种手枪的结构进行了改进设计。新枪在1899年定型，1900年被瑞士选为制式手枪，发射7.65×23毫米子弹。此后，乔治·鲁格继续进行改良。1904年，几经改良的鲁格手枪和9×19毫米子弹一起被德国海军采用，1908年又被德国陆军采用并命名为鲁格P08手枪，作为制式自卫武器，在德军服役达30年之久。

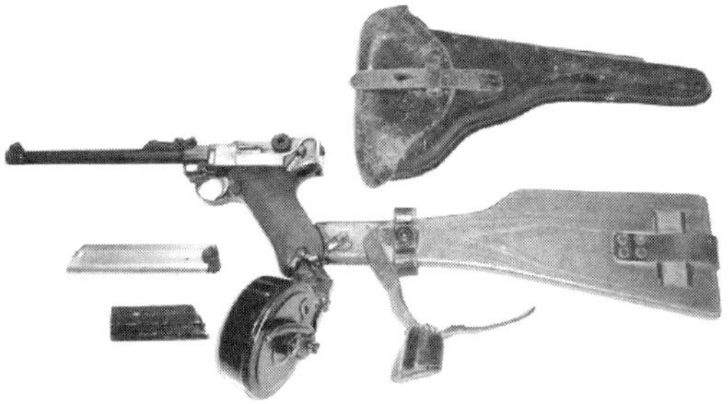

鲁格P08半自动手枪及其配件

鲁格P08手枪最初由德国武器及弹药兵工厂生产，从1911年开始，德国其他兵工厂也开始生产。1933年，大部分生产转到毛瑟公司，直到1942年，最后一批鲁格P08停止生产。三十多年间，德国制造了约200万把鲁格P08手枪，包括30多种改良型号。由于鲁格P08手枪构造复杂，制造不易，并不适合战时使用，所以后来才有构造相对简单的P38手枪产生。

构造与原理

鲁格P08半自动手枪的肘节式起落闭锁设计

鲁格P08手枪采用枪管短后坐式工作原理，是一种性能可靠、质地优良的武器。它有多种变型枪。从口径看，有7.65毫米和9毫米两种，9毫米是德军为了迎合战时对大威力手枪的需求，于1936年增设的口径。鲁格P08手枪的枪管有多种型号，长度从95毫米到200毫米不等。鲁格P08手枪最大的特色是它的肘节式起落闭锁设计，参考了马克沁重机枪及温彻斯特贡杆式步枪的操作原理。肘节式的原理，类似人类的手肘，伸直时，可以抵抗很强的力量，一旦弯曲，很容易继续收缩。

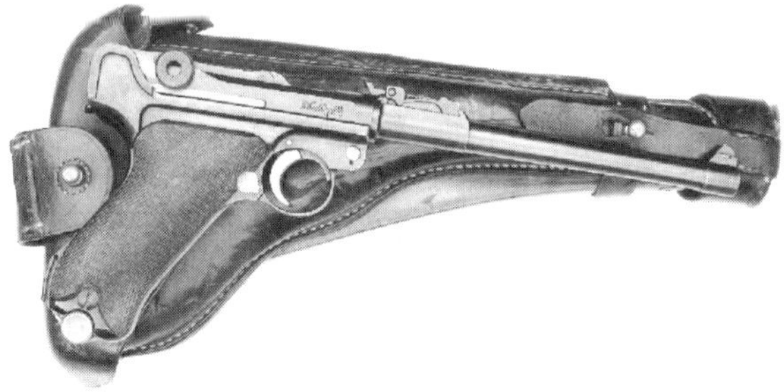

鲁格P08半自动手枪及其枪套

装备与服役

1900年，鲁格P08手枪被瑞士采用为制式手枪，成为世界上第一把制式军

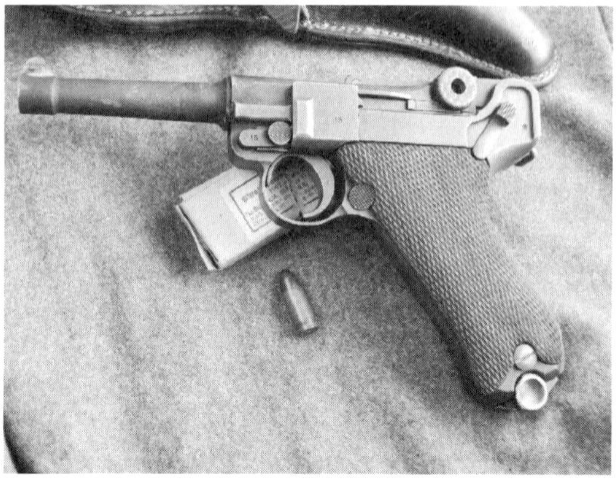
⊕鲁格P08半自动手枪及其弹药

用半自动手枪。1908年，鲁格P08手枪又被德国陆军选为制式手枪。鲁格P08手枪造型优雅，生产工艺要求高，零部件较多，成本也较高。尽管德军在1938年换装了瓦尔特P38手枪，但鲁格P08手枪的生产并未停止，直到1942年底才正式结束批量生产。该枪在二战期间被盟军视为最珍贵的战利品，经过二战的消耗，剩余极少。

毛瑟C96自动手枪

口径	7.63毫米	重量	1.13千克
全长	288毫米	弹容量	10发
枪管长	140毫米	枪口初速	425米/秒

毛瑟C96手枪是德国毛瑟公司在1896年推出的一种全自动手枪，因其枪套是一个木制的盒子，所以在中国称为“盒子枪”或“匣子枪”。

研发与生产

毛瑟C96手枪由毛瑟公司的菲德勒三兄弟利用工作空闲时间设计而来。1895年12月11日，毛瑟公司的老板申请了专利，次年正式生产。到1939年停产，前后一共生产了约100万支毛瑟C96手枪，其他国家也仿制了数百万把。

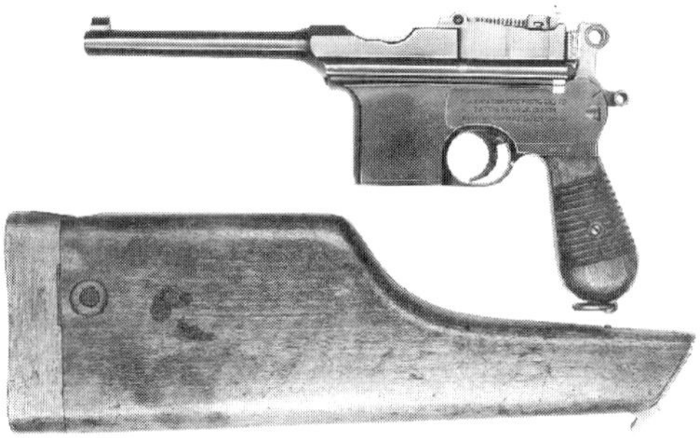

毛瑟C96自动手枪及其枪匣

构造与原理

毛瑟C96手枪采用短后坐力式作用原理。闭锁榫套在滑套下方，前方卡入闭锁机组，上方嵌入枪机下的两个凹槽。在击发时，后坐力使得枪管兼滑套及枪机向后运动，此时枪膛仍然是在闭锁状态。由于闭锁榫前方是钩在主弹簧上，因此有一小段自由行程。由于闭锁机组上方的凹槽，迫使得闭锁榫向后运动时，只能顺时针向下倾斜，因此脱出了枪机凹槽。此时，枪管兼滑套因为闭锁榫仍套在其下，后退停止。枪机则因为闭锁榫脱出，得以自由行动，继续进行扣下击铁、抛壳的动作，最后因力量用尽，复进簧将枪机推回、上弹，回复到待击状态。整个过程中，闭锁榫以前端为圆心，做顺时针及反时针的弧形运动。

毛瑟C96手枪的枪匣颇具特色，将其倒装在握柄后，立即转变为一支冲锋枪，成为肩射武器。这是当时非常流行的做法。

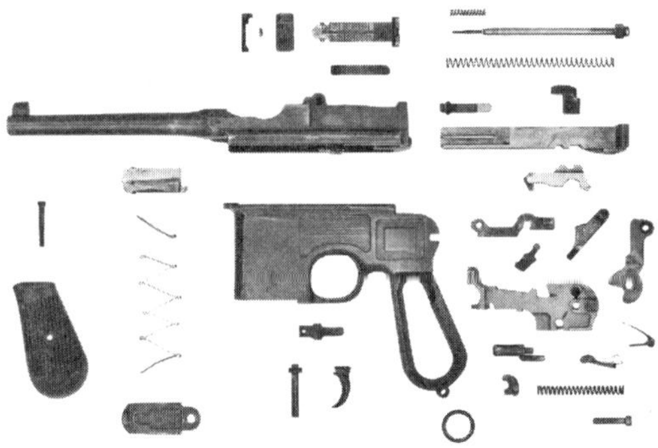

拆解后的毛瑟C96自动手枪

装备与服役

一战期间，德国陆军订购了15万支9毫米口径的毛瑟C96手枪，在战争结束前，毛瑟公司交付了13.7万支给德国陆军。为了避免士兵误用7.63毫米弹药，这种9毫米口径的毛瑟C96手枪在木制握把刻印了一个红色的“9”字作记号，因此名为“Red 9”。战后受限于《凡尔赛条约》，德国政府把

装有枪匣的“Red9”手枪

"Red 9"的枪管切短至102毫米，并改名为M1920。二战期间，德军仍在使用毛瑟C96手枪的衍生型。

毛瑟HSc半自动手枪

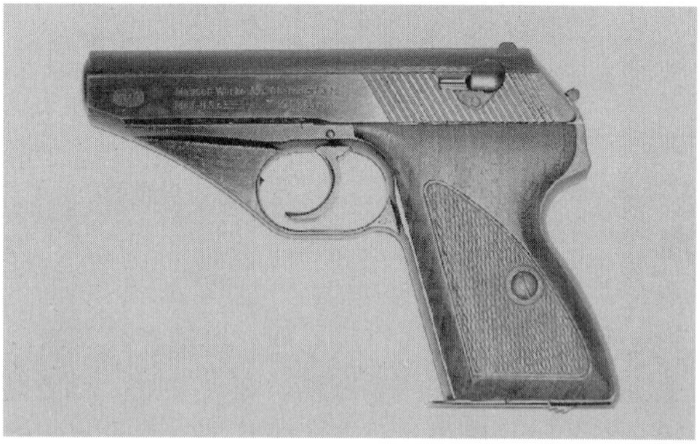

口径	7.65毫米	弹容量	8发
全长	165毫米	枪口初速	290米/秒
枪管长	86毫米	发射方式	单发
重量	596克	有效射程	40米

毛瑟HSc半自动手枪是德国毛瑟公司在20世纪30年代末设计的一种军警用手枪。该枪在二战期间曾被德国军队和警方大量装备。

研发与生产

20世纪30年代前后，德国瓦尔特公司成功设计出瓦尔特PP/PPK半自动手枪后，很快占领了市场，也树立起新型半自动手枪的标杆。与此同时，德国另一家著名枪械制造商绍尔公司也推出了绍尔M30半自动手枪和绍尔38H半自动手枪，进一步压缩了毛瑟手枪的市场份额。这时的毛瑟公司并没有气馁，而是积极研发新式半自动手枪。

↑ 毛瑟HSc半自动手枪右侧视角

毛瑟公司从1934年开始研发的新型手枪与以往的毛瑟手枪不同，这款手枪采用击锤回转式击发方式。起初研发的两款半自动手枪并不成功，经过长时间的试验和改进，第三款毛瑟半自动手枪最终在1938年试制成功。这款新枪被毛瑟公司命名为毛瑟HSc

半自动手枪。而HSc是德语Hahn-Sebstspanner pistole ausfurung C的缩写，译为“自动扳动击锤手枪C型”。因为前两款是A型和B型，则第三款手枪就为C型。二战期间，德国军队和警方曾大量装备这种手枪。尽管精加工受当时条件的限制，但它仍不失为一种设计合理、操作良好的手枪。

构造与原理

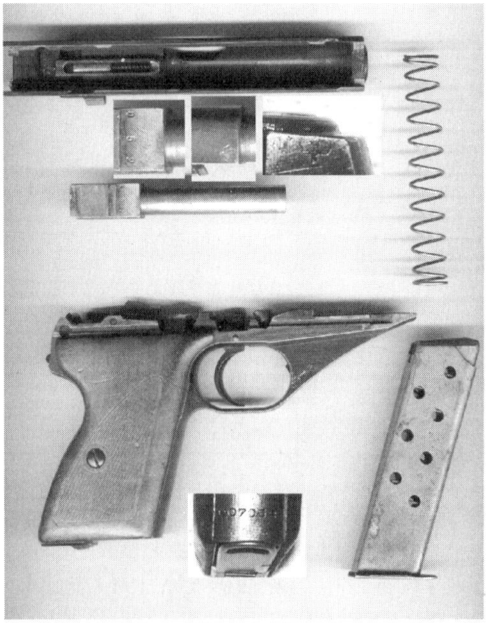

⊕简单拆解后的毛瑟HSc半自动手枪

毛瑟HSc手枪的外形十分独特，流线形的外观使其具有强烈的视觉冲击感。该枪采用击锤回转击发，自动方式为自由枪机式，双动扳机设计。毛瑟HSc手枪的套筒造型非常别致，套筒前方下部带有一个斜面，与下方套筒座很好地结合在一起。套筒右侧的抛壳窗后露出一个很短的抽壳钩。套筒顶部带有一条很长的防反光纹，点状准星与凹型缺口照门分别在套筒两端。套筒后部左右两侧各带有20条纵向防滑纹。

毛瑟HSc手枪握把的设计也有很好的人机功效，其后部向内凹陷的弧度非常大，有助于射手握持。握把片采用木制，左右两片握把片分别用螺丝固定。握把片上的防滑纹整体设计为流线型。弹匣释放扣设置在握把卜方，弹匣两侧各带有双排7个余弹观察孔。另外，弹匣还具有空仓挂机解脱功能。

性能与维护

与早期复杂而精致的军用武器不同，毛瑟HSc手枪内部的零件尽可能地采用了冲压加工件，而且用琴用钢丝弹簧代替了较昂贵的机械加工弹簧，从而成为一支简洁的手枪，不仅适合大批量生产，而且销售价格颇具竞争力。

毛瑟HSc手枪从口袋中快速出枪时不会发生勾挂现象，它的握把手感极佳，扳机力适中。巧妙的设计是毛瑟手枪的长项，可保证武器既具有最少量的零件，又不降低其功能。毛瑟HSc手枪充分地体现了这一点，它的很多活动件都具备两个或两个以上功能，例如无弹匣保险也可起到空仓挂机和抛壳挺的作用。另一个巧妙的设计是保险，当关上保险时，保险机将击针尾部上抬而锁定于套筒内。

毛瑟袖珍手枪

口径	6.35毫米	重量	0.6千克
全长	153毫米	弹容量	8发

毛瑟袖珍手枪是1910年设计生产的6.35毫米手枪的增大型。在一战期间成为军官配枪，随后改称M1914型进行商业销售。1934年对握把及其他方面做了细微改进，称为M1934袖珍手枪，供商业销售，并在二战期间装备德国军队。

毛瑟袖珍手枪手动保险位于握把左侧前缘，向上为射击，向下为保险，此时处于锁定状态，只有向里按压卡笋才能解除保险，使枪处于射击状态。退弹时弹匣扣位于握把底部。卸下弹匣，后拉套筒退出枪膛内的枪弹。通过抛壳口检查枪膛。松开套筒，扣动扳机。

⊙1910年的毛瑟公司

⊙毛瑟M1914手枪

瓦尔特P38自动手枪

口径	9毫米	弹容量	8发
全长	216毫米	枪口初速	365米/秒
枪管长	125毫米	膛线	6条
重量	800克	有效射程	50米

瓦尔特P38手枪是二战中德军使用最为广泛的手枪之一，具有外形美观、性能稳定、工艺先进等特点。

研发与生产

瓦尔特公司最初提交给德国军方的是一种使用闭锁式枪膛和内置击锤的手枪，但由于德国陆军要求必须具备外露击锤，故此枪被重新设计。1938年，瓦尔特公司重新设计的手枪被德国陆军定为制式手枪，命名为瓦尔特P38手枪，次年开始批量生产并交付使用。瓦尔特P38手枪的生产一直持续到1945年，总生产量超过100万支，成为德军使用的主要手枪。

⊕ 瓦尔特P38自动手枪及其弹药

1955年，联邦德国军队需要一种军用手枪，经多方比较，仍选定P38手枪。于是，瓦尔特公司对战时的P38手枪做了部分修改，随后被命名为P1手枪，成为士兵、下级军官最重要的武器装备，服役长达数十年。另外，瑞典、法国和苏联在二战后也曾使用过P38手枪。

构造与原理

P38手枪采用枪管短后坐式工作原理，击发后，火药气体将闭锁在一起的枪管和套筒后推，经过自由行程后，弹膛下方凸耳内的顶杆抵在套筒座上，并向前撞击闭锁卡铁后端斜面迫使卡铁向下旋转，使上突笋离开套筒上的闭锁槽，实现开锁。该手枪还有一个安全可靠的双动系统，这样，即使膛内有弹也不会发生意外。

瓦尔特P38自动手枪左侧视角

P1手枪的特点是枪管较长，标准型的口径为9毫米，另外还有5.56毫米和7.65毫米两种型号。与P38手枪相比，P1手枪的套筒座用硬铝制成，改进了击针，整体重量有所减轻。P38手枪和P1手枪的标准型都发射9毫米帕拉贝鲁姆手枪弹。

性能与维护

从工程角度来看，P38手枪运用了与多种现代半自动手枪类似的设计特点。P38手枪为史上第一种采用闭锁式枪膛的手枪。射手能够预先在膛室内装入一发子弹，并以待击解脱杆把击锤拉回安全位置。在双动模式时，膛室内有一发子弹的情况下，射手只需扣动扳机就能开火，但打第一枪的时候所需的扳机压力会较大，因为扣扳机的同时会板起击锤。而随后的射击则会通过其动作机制的循环而完成推弹入膛、抛壳和扳起击锤的步骤。这种机制在当今许多的半自动手枪中都能找到。除此之外，P38手枪的滑架后端有着与瓦尔特PP手枪一样的上膛指示器，这是为了提醒射手膛室内有子弹。

瓦尔特P38自动手枪及其枪套

瓦尔特PP/PPK半自动手枪

口径	9毫米	弹容量	8发
全长	170毫米	枪口初速	256米/秒
枪管长	98毫米	膛线	6条
重量	665克	有效射程	30米

⬆瓦尔特PP手枪

⬆瓦尔特PPK手枪

瓦尔特PP手枪是由德国瓦尔特公司于20世纪20年代末研制的半自动手枪，PPK手枪是PP手枪的缩小版本。

研发与生产

一战结束后，参战各国签订了《凡尔赛条约》。作为战败国，德国受到了很多限制，其中一条就是枪械的口径不得超过8毫米，枪管长不得超过100

⊕1929年德国制造的瓦尔特PP手枪

毫米。鉴于此，瓦尔特公司于1929年开发了一种具有划时代意义的自动手枪——瓦尔特PP手枪。这种手枪的结构与先前研制的各型手枪都不相同——原本只用在左轮手枪上的双动发射机构，被瓦尔特公司成功地运用到自动手枪上，实现了划时代的历史性跨越。自此，这种结构理念体现在几乎所有的现代自动手枪上。1930年，为了满足高级军官、特工、刑事侦探人员的需求，瓦尔特公司又在PP手枪的基础上推出了同样著名的PPK手枪。时至今日，PP手枪和PPK手枪仍在生产，总产量超过500万支。

知识链接

PP是Polizei Pistole（警用手枪）的缩写，PPK则是Polizei Pistole Kriminalbeamte（警用刑事手枪）的缩写。

构造与原理

PP手枪和PPK手枪采用自由枪机式工作原理，枪管固定，结构简单，动作可靠。采用外露式击锤，配有机械瞄准具。套筒左右都有保险机柄，套筒座两侧加有塑料制握把护板。弹匣下部有一塑料延伸体，能让射手握得更牢固。作为自动手枪，PP系列手枪首次使用了双动发射机构，对后来自动手枪的发展有着深远影响。

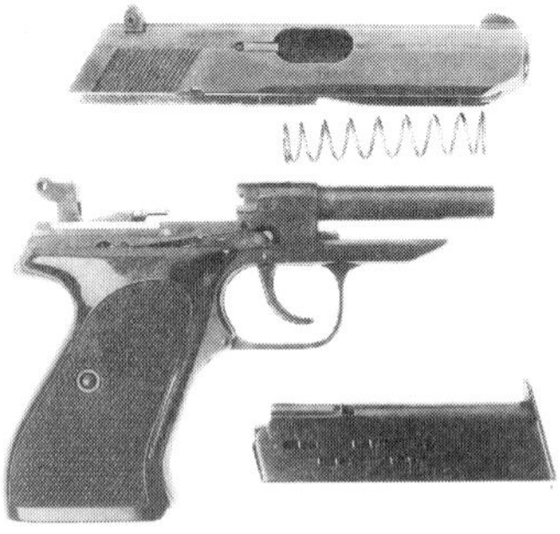
⊕简单拆解后的瓦尔特PP手枪

PP系列手枪可发射7.65×17毫米Browning SR（.32 ACP）、9×17毫米Short（.380 ACP）、5.6×15毫米R（.22 Long Rifle）、6.35×15毫米Browning SR（.25 ACP）和9×18毫米Ultra等多种口径的手枪弹，瞄准具为缺口式照门和刀片式准星。

装备与服役

PP系列手枪的设计非常成功，其常青树般的生命力就已经充分地说明了这一点。它对二战后德国乃至世界的手枪设计产生了极大的影响。1945年以后，土耳其、匈牙利均生产了一些PP手枪，法国马尼安公司也进行了特许生产。直到今天，瓦尔特公司和其他武器制造厂仍然在继续生产这两款手枪。很多世界精品手枪的设计，包括苏联的马卡洛夫PM手枪、匈牙利的FEGPA-63手枪、捷克斯洛伐克的CA50手枪等，都受到了PP系列手枪的影响。

俯视瓦尔特PP手枪

知识链接

1945年，大势已去的希特勒自杀时使用的就是一支金质的PPK手枪。而在美国007系列电影中，主角詹姆斯·邦德使用的也是PP系列手枪。

人民手枪

口径	9毫米	重量	1.088千克
全长	215毫米	枪口初速	381米/秒
枪管长	128毫米	有效射程	50米

人民手枪是一种二战末期纳粹德国“最后一搏”的手枪。此枪是由大量的冲压件，以及少量的机加件组成。只有极少数的试验品在二战末被制造，有着极为特别的闭锁系统，采用气体延迟反冲式闭锁；这种闭锁方式的方法是发射药气体从枪管经一小孔进入有活塞的小口径长圆筒，延迟枪机的开放。另外，也有一些人民手枪在其他厂商制造，如瓦尔特公司、毛瑟公司以

及古斯塔夫兵工厂。由其他的厂商生产的人民手枪有着不同的设计。

人民手枪局部特写

阿斯特拉M400手枪

口径	9毫米	重量	1.14千克
全长	215毫米	枪口初速	335米/秒
枪管长	150毫米	弹容量	8发

阿斯特拉M400手枪由西班牙格罗尼卡的安塞塔公司研发制造，该公司也因为生产阿斯特拉系列手枪而闻名，并在之后改名为阿斯特拉-安塞塔公司。

黑色涂装的阿斯特拉M400手枪

M400手枪于1920年初期研制成功，1921年被西班牙军队定为制式武器。除西班牙外，阿斯特拉M400手枪还广泛出口到其他国家，其中德国购买了大量该武器，并在二战中得到实战应用。

M400手枪采用枪机后坐式自动

原理，是一种采用击锤发火的单动发射半自动手枪，使用9毫米伯格曼-贝亚德手枪弹。它的内部结构最大的特点是枪膛能够兼容几乎所有的9毫米手枪弹。9毫米伯格曼-贝亚德手枪弹是一种9×23毫米的大型手枪弹，当时绝大多数的9毫米手枪弹都比此弹短，而M400又没有强制性闭锁机构，因此只要枪弹能上膛，就能够顺利地完成击发动作，这就使得M400的通用性很强。

阿斯特拉M400手枪枪口特写

阿斯特拉M400手枪及弹匣

阿斯特拉M600手枪

口径	9毫米	重量	1.08千克
全长	205毫米	枪口初速	340米/秒
枪管长	135毫米	弹容量	8发

阿斯特拉M600手枪是M400的改进型，采用自由枪机式自动原理，这对于发射9毫米巴拉贝鲁姆弹的手枪来说是十分罕见的，因为采用这种自动原理的武器没有专用的闭锁机构，发射时只靠枪机的惯性与复进簧的簧力关闭弹膛。这种结构虽然简单可靠，但需要较重的枪机与较大的复进簧力来完成闭锁动作，通常只适合用于发射威力较小的手枪弹。

⊕ 阿斯特拉M600手枪左侧方视角

M600手枪没有设置手动保险，而是在握把背部设计了握把保险，只有在射手正确握持时，才能解脱阻铁，实现击发。另外还有一个相当于自动保险的机构，当套筒未完全闭锁时，扳机连杆与阻铁会被隔断，这样就能保证套筒复进不到位时枪弹不会被击发。

⊕ 阿斯特拉M600手枪枪口特写

⊕ 阿斯特拉M600手枪及弹匣

阿斯特拉M900手枪

口径	7.63毫米	重量	1.275千克
全长	308毫米	枪口初速	461.28米/秒
枪管长	160毫米	弹容量	10/20发

阿斯特拉M900是毛瑟C96的仿制型，不论在口径、弹匣容量和所用枪套方面都与毛瑟C96相同。M900手枪于1927～1941年之间共生产了21000

支，德国在二战期间购买了大量阿斯特拉手枪，其中包括M900手枪。

M900手枪有4种改进型，M901是紧凑冲锋手枪型，使用10发弹匣供弹。M902是长枪管型，只能以内置弹仓供弹，载弹量为20发。M903改以20发弹匣供弹，其余与M902相同。M904类似于M712速射型，具选射功能和以弹匣供弹。

阿斯特拉M900手枪及配件

阿斯特拉M900手枪前侧方视角

阿斯特拉M900手枪后方视角

绍尔M38H手枪

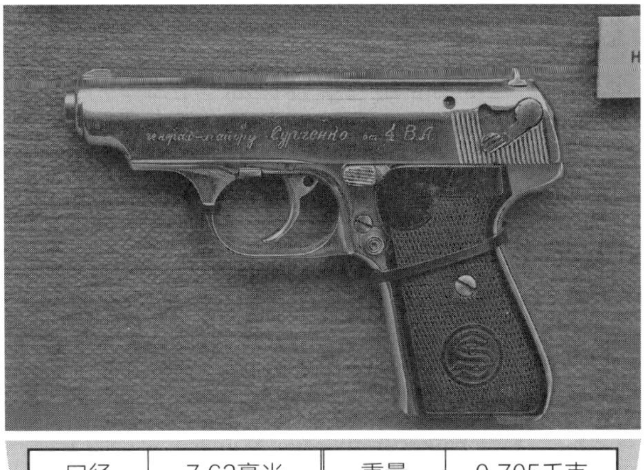

口径	7.62毫米	重量	0.705千克
全长	171毫米	弹容量	8发
枪管长	83毫米	制造数量	20万支左右

绍尔M38H手枪是二战期间由西格-绍尔公司为纳粹德国生产的一种小型半自动手枪。绍尔M38H手枪是M30手枪的改进型，采用流线形外形和双动扳机。其他特点包括一个传统的双动扳机，单柱的弹匣等。绍尔M38H手枪在型号中的“H”表示“无锤”，即该手枪使用内置击锤。随着二战的爆发，德国大多数其他型号的手枪，都被送到了各警察机构。部分绍尔M38H手枪则往往被定制成象牙握把，镶嵌金银，送给纳粹官员。但也有绍尔M38H手枪在二战中被用于作战。

德莱塞M1907自动手枪

口径	7.65毫米	重量	0.71千克
全长	160毫米	弹容量	7发
枪管长	92毫米	枪口初速	365米/秒

德莱塞M1907是由路易斯•施迈瑟设计的一种自动手枪，以德莱塞针枪设计师尼古劳斯•冯•德莱塞的名字命名。

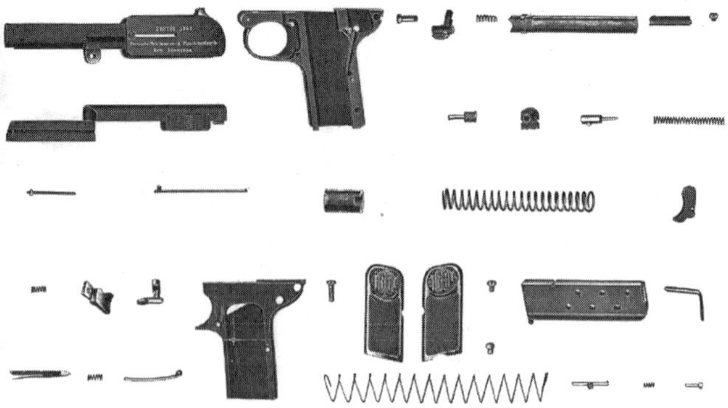

⊕ 德莱塞M1907自动手枪分解图

研发与生产

德莱塞M1907手枪由冯•德莱塞兵工厂研制，冯•德莱塞兵工厂之后被莱茵金属公司于1901年收购，但德莱塞M1907手枪仍然以德莱塞名称销售。德莱塞M1907在1905～1906年之间开始生产，并于1907年开始服役，1945年退役，曾参与一战和二战。虽然该枪的生产时间有限，但是使用仍然比较普遍，主要销售对象为德国警察部队，是德国第一支警用自动手枪。二战后期，德国士兵多次凭借该枪获得许多战利品。

德莱塞M1907手枪及枪套

构造与原理

德莱塞M1907手枪有一个特点，当枪准备射击时，扣下扳机，击针从套筒的后方击打底火。清洁手枪时，套筒座、弹匣接口和套筒绕着支点旋转180度，该枪的套筒被套筒座固定，可以绕着轴打开，复进簧缠绕在枪管上。该枪还有两种衍生型号，即德莱塞M1907微型自动手枪及德莱塞M1912自动手枪，这些手枪均采用自由枪机原理，虽然细节设计不同，但是性能都较不错。

德莱塞M1907手枪及填装子弹

德莱塞M1907手枪枪套

装备与服役

一战期间，奥地利军队，尤其是奥匈帝国哈布斯堡王朝的官员以及同时期的德国军队都曾使用过德莱塞M1907手枪。

二战期间该枪也曾投入使用，主要使用对象是德国国防军，也有一些手枪发到了国民掷弹兵和人民突击队使用。挪威抵抗组织也曾在二战时使用德莱塞M1907自动手枪。

德莱塞M1907手枪左侧方视角

2.5 弹药

7.63×25毫米 Mauser枪弹

弹壳类型	无底缘、瓶颈	壳底直径	9.86毫米
弹头直径	7.86毫米	底缘直径	9.98毫米
弹颈直径	8.46毫米	弹壳长度	25.15毫米
弹肩直径	9.6毫米	全长	34.8毫米

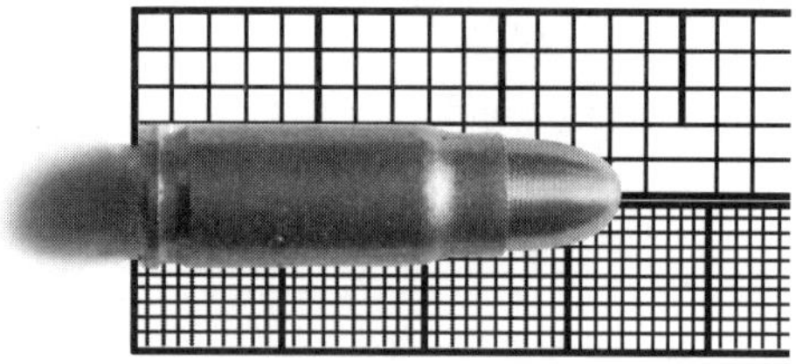

7.63×25毫米 Mauser枪弹

7.63×25毫米 Mauser手枪弹与毛瑟C96自动手枪是相伴而生的，两者都是1896年由毛瑟公司的菲德勒三兄弟研制出来的，其特点是有很高的初速，故而弹道平直，射程又远，但缺点是制止力不足。

在20世纪初，毛瑟公司以7.63×25毫米 Mauser手枪弹和毛瑟C96手枪参加德国新式军用手枪和手枪弹的竞标，但最终败于鲁格P08手枪及其使用的9毫米口径手枪弹。7.63×25毫米 Mauser手枪弹后来流传到中国和沙皇俄国，后者将其改为7.62×25毫米 Tokarev手枪弹。由于两者口径只相差0.01毫米而其余相同，故发射7.63×25毫米 Mauser手枪弹的枪械也可以发射7.62×25毫米 Tokarev手枪弹，反之亦然。

7.92×57毫米 Mauser枪弹

弹壳类型	无底缘、瓶颈	底缘直径	11.95毫米
弹头直径	8.08毫米	弹壳长度	57毫米
弹颈直径	9.08毫米	全长	82毫米
壳底直径	11.94毫米	膛线缠距	240毫米

7.92×57毫米 Mauser是德国在19世纪末到20世纪初研制的步枪弹/机枪弹，分为7.92×57毫米 J、7.92×57毫米 IS和7.92×57毫米 sS三大类。

7.92×57毫米 J是由德国军事委员会设计，1888年推出，主要使用于Gew88手动步枪。该弹是由无烟火药推动，弹头是钝圆的，因此又被称为“圆头弹”。

7.92×57毫米 IS由毛瑟公司设计，1905年推出，由于是尖头，故而穿透力更强，因此又被称为“尖弹”。该弹主要供德军步枪和轻机枪使用，包括毛瑟Kar98k步枪、Gew41步枪、Gew43步枪、FG42步枪和ZB26轻机枪等。

7.92×57毫米 sS由毛瑟公司在一战末期研制成功。此前的毛瑟子弹弹头只是一块铅，而这种子弹却在里面加上钢芯以进一步加强穿透

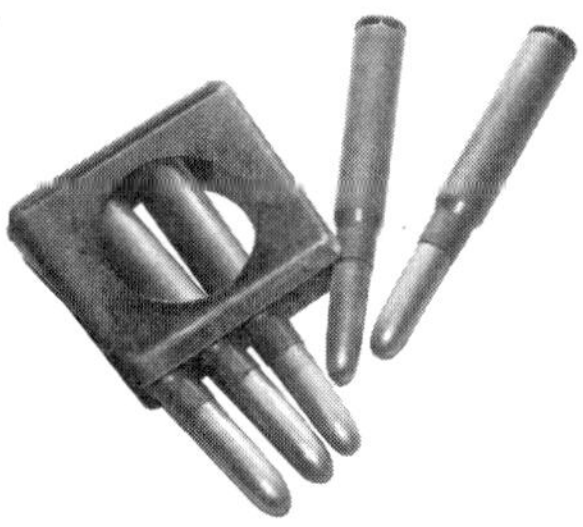

⊕7.92×57毫米J枪弹

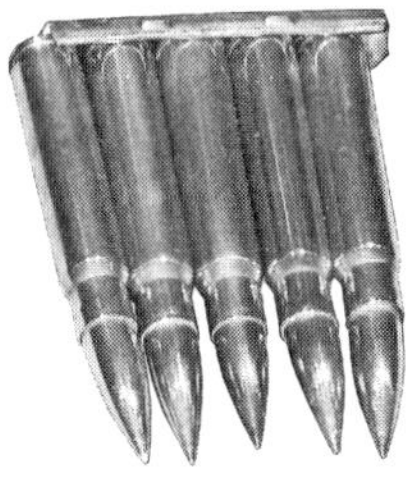

⊕7.92×57毫米IS枪弹

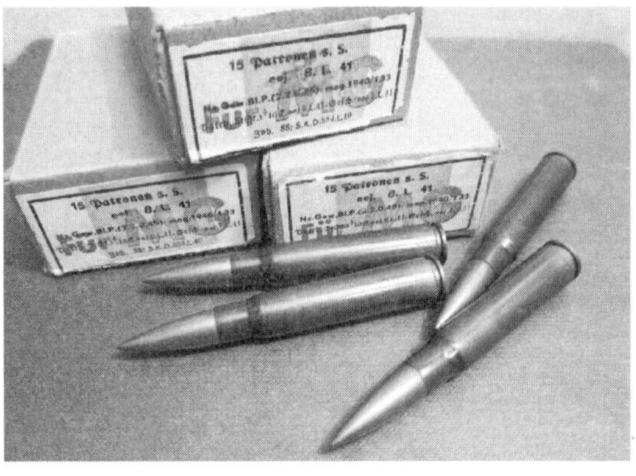

⊕7.92×57毫米 sS枪弹

力，因此又被称为“重尖弹”。这种子弹主要用于机枪，包括MG34通用机枪、MG42通用机枪、MG15机枪、MG17机枪等。

7.92×33毫米 Kurz枪弹

弹壳类型	无底缘、瓶颈	底缘直径	11.9毫米
弹头直径	8.2毫米	弹壳长度	33毫米
弹颈直径	8.9毫米	全长	49毫米
壳底直径	11.9毫米	膛线缠距	250毫米

↑ 7.92×33毫米 Kurz枪弹

7.92×33毫米 Kurz是一种中间型威力枪弹。在二战前夕，德国枪械工程师进行有关突击步枪的研究，其结论认为现有的7.92×57毫米 Mauser步枪弹威力太大，虽有着超过800米以上的射程，但在全自动射击时难以控制，命中率也低。1938年，德国推出了Kurz短弹，口径依然是7.92毫米，但长度大约只是7.92×57毫米 Mauser步枪弹的一半，德国人认为子弹最远只需400米射程。二战期间，使用7.92×33毫米 Kurz枪弹的主要是德国StG44突击步枪。

7.65×21毫米 Parabellum枪弹

弹壳类型	无底缘、直筒	底缘直径	9.98毫米
弹头直径	7.85毫米	弹壳长度	21.59毫米
弹颈直径	8.43毫米	全长	29.85毫米
壳底直径	9.93毫米	膛线缠距	275毫米

↑ 7.65×21毫米 Parabellum枪弹

7.65×21毫米 Parabellum（巴拉贝鲁姆）又称为7.65×21毫米 Luger（鲁格），是由葛雷格·鲁格和雨果·博尔夏特于1898年设计的手枪弹，生产工作由德国武器及弹药兵工厂负责。该弹在1898～1949年间服役，主要用户为德国、瑞士和芬兰等国的军队。

9×19毫米 Parabellum枪弹

弹壳类型	无底缘、直筒	底缘直径	9.96毫米
弹头直径	9.02毫米	弹壳长度	19.15毫米
弹颈直径	9.65毫米	全长	26.69毫米

⊕ 9×19毫米 Parabellum枪弹

9×19毫米 Parabellum（巴拉贝鲁姆）又称为9×19毫米 Luger（鲁格），是一种手枪及冲锋枪所使用的子弹。这种弹药最初由葛雷格·鲁格（Georg Luger）所设计，1902年开始生产。二战期间，许多德制手枪都使用这种弹药。由于9×19毫米 Parabellum枪弹价格便宜、生产容易，现已成为全世界使用最广泛的手枪弹种之一。

从1902年开始，制造9×19毫米 Parabellum枪弹的弹壳的材料就一直是黄铜。为了改善外观、耐用度、辨别度，弹壳通常被镀上一层镍或铜。为了节省黄铜，铝壳在1941年被瑞典采用，并沿用至今。另外从一战开始，一些国家曾试验性地使用钢作为9×19毫米 Parabellum枪弹的弹壳，不过成功者寥寥无几。

9×19毫米 Parabellum枪弹的弹道平直，后坐力中等，具有一般程度的停止作用。它主要的优势在于体积小，以及生产时只需要较少的资源。它主要的缺点是配备非扩张性弹头时，有过度穿透的倾向，以及不良的永久空穴现象。

第3章

有的放矢

——非枪械类武器

除了各类枪械，二战期间德军步兵还广泛使用手榴弹、轻型反坦克武器和火焰喷射器等非枪械类武器，以适应不同的战斗需要。本章主要介绍二战期间德军使用的非枪械类武器。

24型柄式手榴弹

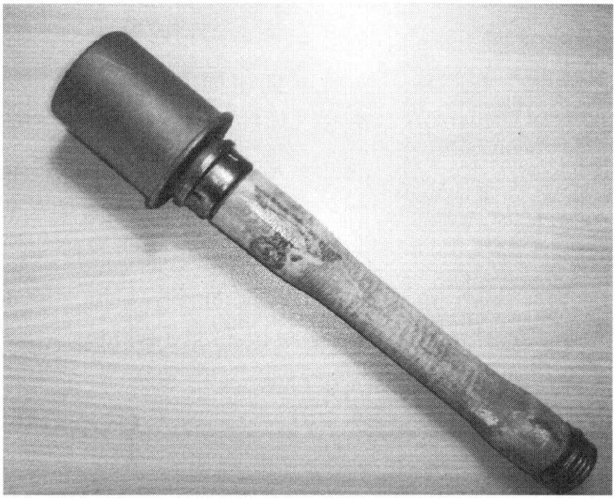

全长	356毫米	装药类型	三硝基甲苯
直径	70毫米	引爆时间	5秒
重量	595克	投掷距离	约36米

24型柄式手榴弹（Stielhandgranate 24）是德国在一战时期推出的一种长柄式手榴弹，德军在两次世界大战中都曾使用。

研发与生产

1915年，德国首次推出柄式手榴弹，即24型柄式手榴弹，采用了其他国家手榴弹中非常少见的摩擦点燃装置。该手榴弹经过了数次改进，并在一战中衍生出多个版本。每次的改进都是往较轻、较易生产、成本较低的方向发展。到了二战时期，该手榴弹的弹头变得较小，而且不必要的腰带夹也被移除。

二战期间德军士兵使用24型柄式手榴弹

构造与原理

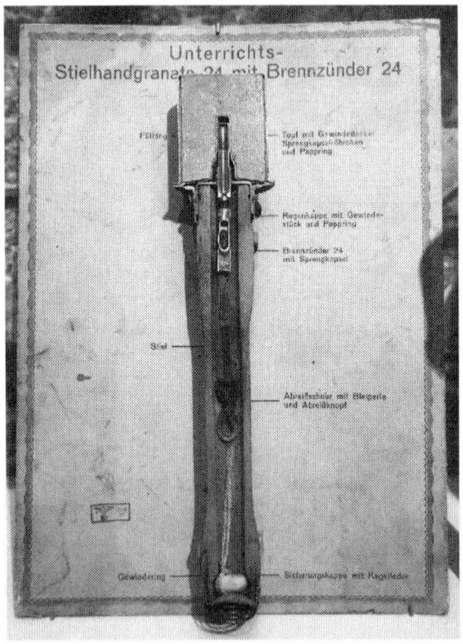

24型柄式手榴弹截面

24型柄式手榴弹从爆炸头内部的引爆器伸出一条拉绳，从中空的握把通过，在末端有一颗小陶瓷球，并用一个可旋转的底盖固定。在使用手榴弹时，首先旋下握把底部的盖子，使球与拉绳掉出，然后拉动拉绳，使一支表面粗糙的铁杆穿过引爆器，以点燃可燃烧5秒的引信，再将手榴弹掷出，引信燃烧完毕后引爆手榴弹内的高爆炸药。

24型柄式手榴弹采用装箱的方式运输，其引信组合需在战斗前插入，所以每份炸药上都漆上了提醒的字眼“VOR GEBRAUCH SPRENGKAPSEL EINSETZEN”（使用前插入引爆器）。

知识链接

早期24型柄式手榴弹的拉绳是外露的，这些露出的拉绳在运输途中经常被意外地勾扯到，并引爆手榴弹，造成严重的事故。所以后来在该手榴弹的握把尾部加了一个盖子，并将拉绳置于其中。

性能与维护

24型柄式手榴弹是进攻型手榴弹，它是在薄壁钢管中填入高爆炸药，依靠爆炸威力杀伤敌人，而非防御型手榴弹的破片式杀伤。1942年，又设计了一种有凹沟的破片套，它可套在手榴弹的爆炸头外，使手榴弹在爆炸时产生大量破片，以增强对人员的杀伤力。24型柄式手榴弹的装药量较大，爆炸威力强，而且可将另外6个没有握柄的爆炸头用铁丝捆绑在一起，形成攻

德军士兵在巷战中使用24型手榴弹

击力更强的土制炸弹。

在投掷距离上，由于24型柄式手榴弹的握柄提供了力臂，所以可比卵状手榴弹投掷得更远。24型柄式手榴弹构造独特，由于只要拉动拉绳就会导致它点燃引信，所以可将它挂在篱笆或其他类似地方作陷阱使用。

装备与服役

24型柄式手榴弹在二战中被广泛使用，且衍生出了烟雾弹版本。此外，由于部分24型柄式手榴弹受寒冷环境影响出现不爆炸的现象，所以一些24型柄式手榴弹被填入特殊炸药，以适应寒冷环境。24型柄式手榴弹对于盟军军人来说是价值相当高的纪念品，时至今日，原版手榴弹仍然是收藏家渴望得到的珍贵收藏品。

⇧ 正在投掷24型手榴弹的德军步兵

39型柄式手榴弹

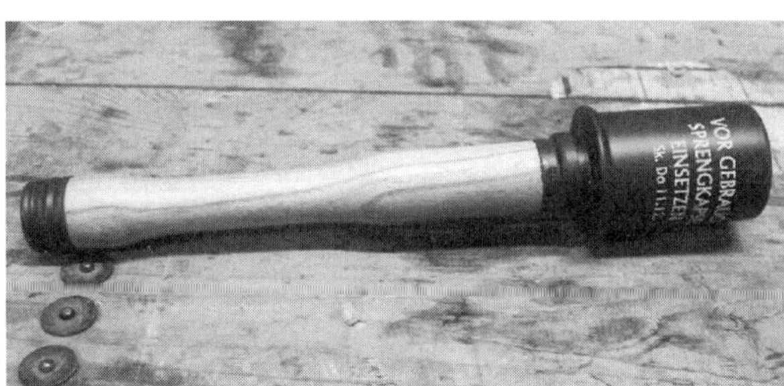

全长	356毫米	装药量	200克
直径	70毫米	引爆时间	4.5秒
重量	624克	投掷距离	约35米

39型柄式手榴弹（Stielhandgranate 39）是德军于20世纪30年代末开始装备的制式手榴弹，是二战期间德军装备和使用的标准手榴弹之一。

构造与原理

39型柄式手榴弹由弹体、拉发火件、木柄、瓷球和弹性盖等零部件组成。

⊕ 与24型柄式手榴弹混装在一起的39型柄式手榴弹

弹体由圆柱形铸铁壳体（内装炸药）、雷管、雷管套和木柄连接座组成。弹体中心是雷管套，雷管放在雷管套内之后，再在上面装木柄连接座，连接座与壳体之间用螺钉连接，涂沥青油防潮。拉发火件装在中空木柄内，是一个独立的部件，由拉火绳、小铜套、摩擦拉毛铜丝、拉毛铜丝底盘、铅管、延期药、钢管、黄铜套管和底盖等零件组成。

拉发火件的结构是：将拉毛铜丝卷成摩擦线圈，装在小铜套内，拉毛铜线的下端穿过小铜套，拉火绳拴在摩擦线圈的上端，拉毛铜丝底盘装在摩擦线圈的下端，然后将小铜套装入铅管，铅管套装在有延期药的钢管上端，将拉线从瓷球中心的孔穿过后，在上面打一个结，再将底盖盖在黄铜套管下端，便组成了一个完整的拉发火件，黄铜套管实际上只是一个传火通道。摩擦线圈放置在有玻璃碴混合物的小铜套内，与延期管内的延期火药相连。使用时向外拉拉线，摩擦线圈的拉毛铜丝与玻璃碴摩擦发火，点燃延期药，进而引爆雷管和主装药，使手榴弹正常作用。木柄和弹体是两个独立的部件，装配时将黄铜套管上的底盖取下后，才能插入弹体上的木柄连接座。

性能与维护

39型柄式手榴弹比较安全，使用时，瓷球从木柄内掉出来时不会将拉毛铜丝拉出来引起发火。通常可以用拉线将手榴弹挂在树上或其他地方，作为挂雷使用。除用作杀伤手榴弹之外，在战场上还可以将几个手榴弹弹体绑在一起，用一个拉发火件发火，作反坦克雷使用。在二战期间，有的士兵将6个手榴弹弹体绑在一起，依靠炸药爆炸时产生的爆轰波将坦克炸毁。

⊕ 正在投掷39型柄式手榴弹的德军士兵

39型卵状手榴弹

全高	130毫米	装药量	112克
直径	55毫米	引爆时间	5秒
重量	420克	杀伤范围	约10米

39型卵状手榴弹（Eihandgranate 39）也是二战期间德国军队普遍使用的一种手榴弹，二战结束后便停止生产和使用。

研发与生产

39型卵状手榴弹是1939年德国为提高手榴弹的便携性和投掷距离而研制的一种轻便型进攻手榴弹，外形呈圆滑的椭球形。该手榴弹于1939年开始生产，直至战争结束为止。除了标准型，还有改进型和防御型两种衍生型。

构造与原理

标准型是一种进攻型手榴弹，由弹体和引信组成。弹体是由上下两截半卵形薄铁皮焊接的卵形壳体组成；引信是拉发火件，其结构与39型柄式手榴弹的发火件基本相同，只是将拴拉线的磁球改为卵形拉发火柄，这个拉发火柄直接由螺纹连接在引信体上，其使用方法与39型柄式手榴弹也基本相同。发火件的延期时间有很多种，标准的延期时间是4～5秒，最短的延期时间只有1秒，这种短延期引信主要用在需要投掷后立即发火的场合，为了便于使用者识别，在这种引信的拉发火柄上涂有红色标记。

⊕ 摆放在战壕边的39型卵状手榴弹

改进型手榴弹是一种整体式手榴弹，弹体上方有螺纹连接口，引信固定在弹体上。引信采用针刺发火延期时间引信。

为了适应防御作战的需要，在战争后期，工厂还研制和生产了一种弹体外形尺寸不变，在弹体内装一个铸铁破片套的39型卵状防御手榴弹，这个破片套在手榴弹爆炸时可形成96片尺寸约为12.7毫米×10.8毫米的杀伤破片。

43型柄式手榴弹

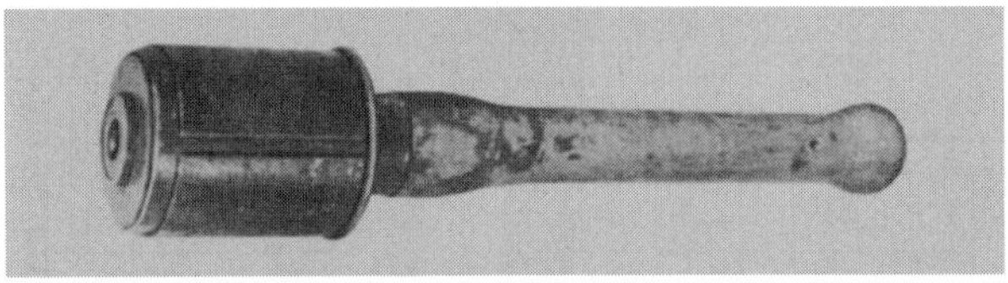

全长	356毫米	装药类型	三硝基甲苯
直径	70毫米	引爆时间	5秒
重量	624克	投掷距离	约35米

43型柄式手榴弹是德国在二战中后期研制的长柄式手榴弹，由24型和39型柄式手榴弹改进而来。

研发与生产

二战期间，随着战争进程的推进，德国手榴弹的消耗非常惊人，特别是辽阔的东线战场开辟之后，手榴弹的生产几乎赶不上消耗。这主要是因为24型柄式手榴弹的生产过程过于复杂，产量偏低。虽然生产厂家开足马力并在1939年和1943年两度推出简化工艺的小改型，但仍然无济于事。而生产简便的39型卵状手榴弹因为威力和投掷距离都不如24型柄式手榴弹，因此不受普通野战部队欢迎。

因此，德国军方在1943年责成生产厂家研制一种全新的长柄手榴弹，要求性能与24型柄式手榴弹相近，但必须大幅简化生产工艺，这就是43型柄式手榴弹。说是全新设计，但实际上为了缩短研发周期是在24型和39型柄式手榴弹基础上做较大改进而来的。

构造与原理

43型柄式手榴弹最显著的外观和结构特征就是把拉发装置移到了弹体底部，这样手柄就只是简单的一根实心的木柄，不需要像24型柄式手榴弹的手

⊕ 43型柄式手榴弹不完全分解图

柄那样掏空，从而大大简化了生产工艺，缩短了生产周期。43型柄式手榴弹的发火装置参照39型卵状手榴弹，一个外露的圆形金属帽，旋开后拉动金属环摩擦点燃导火索。这种设计使得43型柄式手榴弹不能像24型那样立放在地上，这是43型柄式手榴弹的一个小缺点。43型柄式手榴弹的其他性能特征都与24型类似。

43型柄式手榴弹分早期型和晚期型。早期型有一个带坡度延伸的圆柱形弹体，这样的弹体使43型柄式手榴弹易于捆绑使用和运输。晚期型将弹体改回像24型那样的常规圆柱形，这样能使木柄更加牢固地固定在弹体上，并且能够降低生产成本和缩短生产时间。与24型柄式手榴弹一样，二战中43型柄式手榴弹使用过各种替代材料来生产。

3.2 轻型反坦克武器

“坦克杀手”反坦克火箭发射器

全长	1640毫米	口径	88毫米
总重	11千克	枪口初速	130米/秒
弹药重量	2.4千克	有效射程	150米

“坦克杀手”（Panzerschreck）是二战中德军使用的一种可重复使用的88毫米口径反坦克火箭发射器。

研发与生产

二战中期，当德军部队在非洲缴获了美军的“巴祖卡”（Bazooka）火箭发射器后，他们发现自己一直以来所使用的反坦克步枪有着众多的缺点，于是迅速将“巴祖卡”送回德国本土进行研究。“巴祖卡”几乎就是一支简单的铁管，容易大量生产，并且可以迅速装填。德国工程师对其进行了重新设计，于是便诞生了“坦克杀手”。与“巴祖卡”不同，“坦克杀手”的火箭弹在飞离发射管后会继续燃烧喷射，所以有着更强大的穿透力和高达150米的射程。

“坦克杀手”在1943年开始投放部队使用，被用来增强步兵的反坦克能力。虽然它有更强的威力和更远的射程，但比后期诞生的另一种划时代的轻型反坦克武器“装甲拳”（Panzerfaust）的生产量要小很多。据统计，各种型号的“坦克杀手”一共生产了约29万具。

美军士兵手持“坦克杀手”火箭发射器（右手）和“巴祖卡”火箭发射器（左手）

构造与原理

“坦克杀手”最早的型号是RPzB 43，全长1640毫米，火箭弹发射后在2米距离内会继续燃烧，灼伤使用者，所以必须佩戴面具和手套发射。1943年10月，RPzB 43被新型的RPzB 54替代。相比早期的RPzB 43，RPzB 54因为在前端安装了保护使用者的护盾，成为更广为人知的形象。不过因为护盾太重，也有人拆掉护盾，佩戴面具发射。RPzB 54发射新型的弹身更短的火箭弹，射程增加到了180米。1944年，RPzB 54/1问世，采用更短的火箭弹。战争后期，德军还曾研制过威力更大的105毫米口径版本，但是未能量产。

双人小组合作使用“坦克杀手”火箭发射器

性能与维护

“坦克杀手”使用的火箭弹，因为气温对燃料燃烧速度的影响，分为夏季用弹和冬季用弹两种，护盾的瞄准具也相应做出调整。“坦克杀手”发射时会从前端和后端产生大量的烟雾，因此得到了“烟囱”的绰号。这也使得“坦克杀手”小组在发射后会立即被发现，必须迅速更换位置以免成为敌人目标。

正在操作“坦克杀手”的德军士兵

与美军的“巴祖卡”火箭发射器相比，“坦克杀手”的威力更大。早期的“巴祖卡”很难穿透当时德国坦克的100毫米装甲，更别提装甲更厚的“虎王”坦克了。而“坦克杀手”在90度的入射角可以穿透200毫米的装甲，60度偏射角的穿透力也可达到160毫米。其一发有足以击毁任何盟军坦克的威力，如果再加上经验丰富的战斗小队，就足以成为盟军装甲车辆的噩梦。有鉴于此，盟军尽量采取一些措施来对抗威力强大的“坦克杀手”，例如在装甲上堆放沙包、实心木板或备用履带等措施，但是实际取得的效果不大。

德军步兵使用“坦克杀手”在城市废墟中作战

“装甲拳”反坦克榴弹发射器

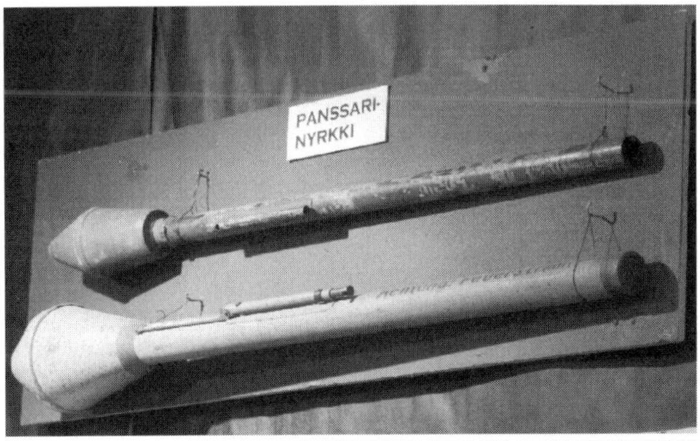

全长	1000毫米	口径	149毫米
枪管长	50毫米	枪口初速	45米/秒
总重	6.1千克	有效射程	60米

“装甲拳”（Panzerfaust，又译为“铁拳”）是二战中德国制造的一种廉价

的火药推进无后坐力反坦克榴弹发射器，1943年开始装备东线德军，逐步成为德军步兵的标志性武器之一。

研发与生产

“装甲拳”反坦克榴弹发射器于1942年开始生产并一直持续到二战结束，主要有Panzerfaust 30 Klein、Panzerfaust 30、Panzerfaust 60、Panzerfaust 100、Panzerfaust 150和Panzerfaust 250等型号，各个型号的总产量超过600万。

Panzerfaust 30 Klein是最初的型号，1943年8月开始装备部队。“30”表示理论上的30米的最大射程。制造这种“装甲拳”非常简单，但是它只能使用一次，然后被丢弃。由于此型号的有效射程过近，射手有被爆炸波及的危险。

Panzerfaust 30是改良的型号，同样出现在1943年8月。此型号有一个更大的弹头，用作改良装甲穿透力，但是其最大射程仍然是30米。

Panzerfaust 60是最普遍使用的型号，生产开始于1944年8月。它有了更加实用的60米最大射程，弹头在最大射程到达目标将花费1.5秒。为了达到更高的速度，身管的直径增加到了50毫米。另外，还有一个改进的准星和扳机结构。

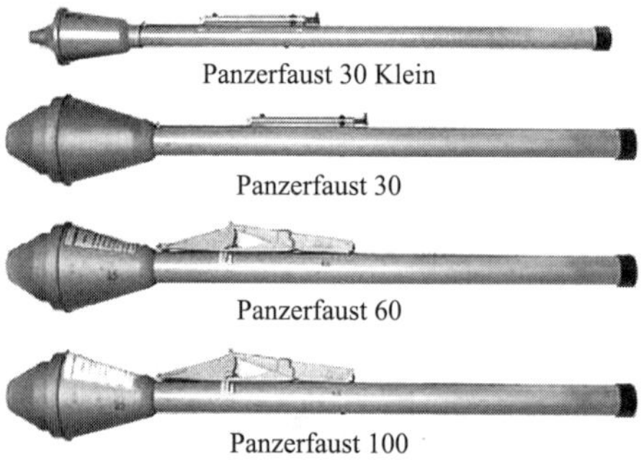

各型号“装甲拳”对比

手持“装甲拳”的德军步兵

Panzerfaust 100是最后的量产型号，1944年11月以后开始生产。它有理论上的100米的最远射程。瞄准具的标尺孔以夜光颜料标记，以使在黑暗中辨识更容易。

Panzerfaust 150在临近战争结束时被配备，设计上改进了许多。它不仅有与Panzerfaust 100总数一样的发射火药，还有一个重新设计的弹头和两级发射药，最终达到85米/秒的初速以及更强的装甲穿透力。

Panzerfaust 250计划在1945年9月投入生产，但是战争在研发完成前就结束了。

构造与原理

“装甲拳”总重不超过10千克，身管以便宜的低等钢材制造，长约1米，内径根据版本在40～60毫米不等。身管后部装有简单的后准星和发射装置。由于没有前准星，射手通常利用弹头的轮廓来瞄准。身管内预装有少量的黑火药作为推进药。战斗部总重约3千克，装置在身管前部，并有装置在木质尾上的金属整流药罩。装药量约为800克，为三硝基甲苯（TNT）和环三亚甲基三硝胺（RDX）混合炸药。

保存在博物馆内的“装甲拳”反坦克榴弹发射器

性能与维护

“装甲拳”在身管的尾部上方标注有红色的警告字样“注意！火焰喷射！”（德语：Achtung! Feuerstrahl!），以防止射手被烧伤。身管在发射后即被抛弃，这也是世界上第一种单次使用的反装甲武器。“装甲拳”通常抵住肩窝发射，它的锥形装药可以击穿倾斜30度200毫米的滚轧均制装甲。

“装甲拳”使用起来非常简单，发射前射手只要打开保险，一个简易表尺会自动竖起，然后瞄准目标，按下发射钮。破甲弹射出之后，其4片弹簧尾翼会自动打开并稳定飞行。由于重量和体积的限制，“装甲拳”的初速很低，以至其有效射程较短，而且飞行弹道比较弯曲。

知识链接

“装甲拳”的优势主要体现在近距离巷战中。由于制造工艺极其简单，以至于在柏林被围之时仍然有大量的“装甲拳”出厂并能及时地补充给德军城防部队和平民志愿者。在柏林被攻陷前，“装甲拳”击毁了数百辆苏军装甲车辆。

使用“装甲拳”的芬兰士兵

⊕德军步兵使用“装甲拳”瞄准目标

“飞拳”地对空火箭发射器

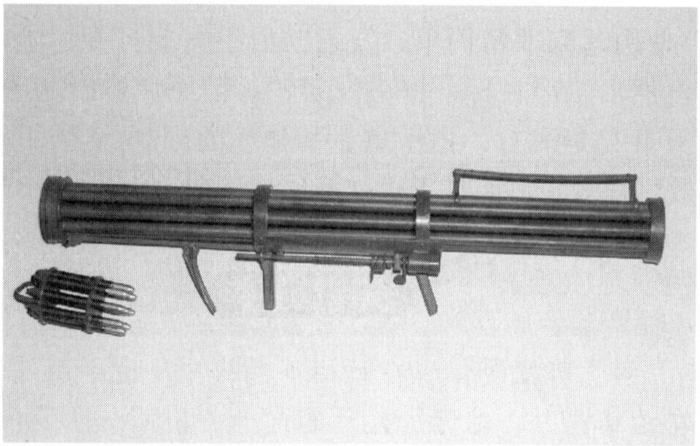

全长	1500毫米	口径	20毫米
总重	6.5千克	枪口初速	350米/秒
弹容量	9发	有效射高	500米

“飞拳”（Fliegerfaust）是德国在二战期间研发的多管无制导地对空火箭发射器，旨在摧毁敌方的对地攻击机，并作为单兵携带防空武器。

二战末期，德军失去制空权（尤其在西线），为了抵抗盟军的战斗轰炸机和对地攻击机，位于莱比锡的雨果·施耐德集团（Hugo Schneider AG）研制了“飞拳”。1945年1月，“飞拳”开始生产，但还未全面配发给德军士兵，二战就结束了。

“飞拳”有两个不同的版本，即Fliegerfaust A（“飞拳”A）和Fliegerfaust

B（“飞拳”B）。Fliegerfaust A有4个20毫米口径的发射筒，而Fliegerfaust B增加了发射筒的长度，并增加了5个发射筒。“飞拳”使用时托在肩上发射，瞄准低飞的敌机按下扳机后会先射出5发，0.2秒后再射出其余4发，火箭弹可以命中在500米（理论射高为2000米）低空的敌机。发射完毕后，只要在尾部重新装上火箭弹即可再次发射。

索罗通S-18/1000反坦克枪

口径	20毫米	重量	54千克
全长	2160毫米	弹容量	10发
枪管长	1420毫米	枪口初速	850米/秒

索罗通S-18/1000（Solothurn S-18/1000）反坦克枪是德国研制的一种大口径反坦克枪，其威力巨大，可对许多轻型坦克造成威胁。

索罗通S-18/1000反坦克枪的枪管通过一个枪尾闭锁螺帽与枪尾结合，采用这种设计的理由是：后坐部件在先前运动的过程中进行击发，使后坐力在将反后坐装置退回后方之前，需要先克服枪管和枪机的动量，这样可使反坦克枪的后坐力更为缓和。该反坦克枪可以在220米的距离上击穿约30毫米厚的装甲，威力远胜于德军其他反坦克枪，不过在中型坦克面前还是显得无力。

索罗通S-18/1000反坦克枪的结构较为复杂，需要使用复杂的机械加工设备才能生产，而且运动机件对灰尘和雨雪较为敏感，所以在使用时容易出现问题。最初，该反坦克枪配备于最需要这类反坦克武器的步兵连，不过由于要2～3人才能操作，所以在步兵连内很少有使用机会，于是又将它配属到步兵营。虽然在步兵营内得到不少的好评，但却未大量装备。

知识链接

一部分索罗通S-18/1000反坦克枪曾被转交给意大利陆军使用，在1943年意大利投降时交出的武器清单中便有索罗通S-18/1000反坦克枪的名字。

PzB 38反坦克枪

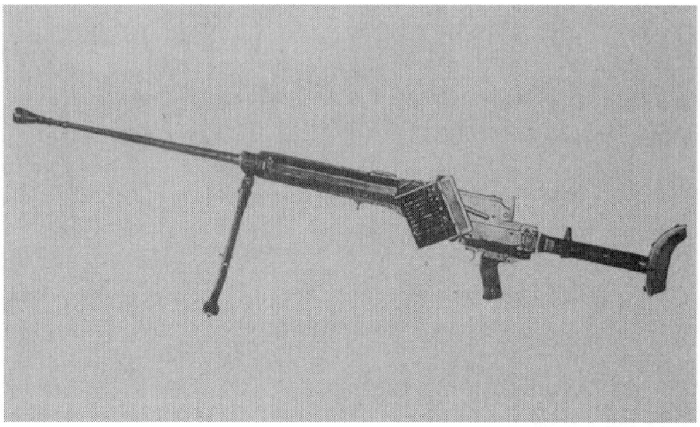

口径	7.92毫米	弹容量	10发
全长	1615毫米	枪口初速	1200米/秒
枪管长	1000毫米	最大射速	10发/分
重量	16.2千克	有效射程	300米

PzB 38（Panzerbüchse 38）是德国在二战爆发前装备的主力反坦克枪，其制作精良，但结构稍显复杂，就其使用滑动闩体封闭枪尾这一点来说，它倒类似于一门小型野战炮。由于造价昂贵，PzB 38反坦克枪的实用价值不高，在二战爆发后不久就被新一代反坦克枪取代。

PzB 38反坦克枪的枪管和枪尾沿着一个滑板后坐，当后坐到位时，枪闩自动打开，当枪机向前复进到待发位置时，空弹壳被抛出枪膛，然后，射手再用手压进另外一发子弹，枪闩立刻关闭。PzB 38反坦克枪使用的弹药与波兰“马诺斯奇克”反坦克枪使用的弹药基本相同，但弹壳改为毛瑟公司的直径为13毫米的老式弹壳，通过缩颈部，其直径由13毫米过渡为7.92毫米，弹丸内有一颗碳化钨弹芯。

PzB 39反坦克枪

口径	7.92毫米	弹容量	10发
全长	1620毫米	枪口初速	1210米/秒
枪管长	1085毫米	最大射速	10发/分
重量	11.6千克	有效射程	300米

PzB 39（Panzerbüchse 39）是PzB 38反坦克枪的改进型，1939年开始装备德军部队。PzB 39发射与PzB 38相同的7.92×95毫米枪弹，保持了PzB 38的侵彻性能。PzB 39的主要改进之处是去掉了枪管后坐式的半自动结构，改成完全手动式，使武器结构大大简化、质量减轻、生产成本降低。

PzB 39在德国莱茵-博尔西克公司、奥地利斯太尔-戴姆勒-普赫公司及其他一些公司都有生产。在二战中后期，随着坦克装甲厚度的增强，反坦克枪的发展处于萎缩状态，PzB 39与其他反坦克步枪一样，截短了枪管，在枪管的前面装一个榴弹发射器，改成发射枪榴弹。

PWM反坦克碰炸手榴弹

全长	533毫米	装药类型	梯恩梯、黑索金
总重	1.36千克	投掷距离	30米
战斗部重量	0.5千克	穿甲厚度	150毫米

PWM（Panzerwurfmine，意为“装甲投掷雷”）是德国在二战中使用的反坦克碰炸手榴弹，其外形与“装甲拳”反坦克榴弹发射器的战斗部相似，主要区别在于PWM的尾部多了用于稳定的飘带，后期型还加装了稳定翼。

PWM的前部为半球形金属整流罩，弹体为圆锥形，内部为空心装药的TNT炸药。弹体后部为木柄，木柄末端装有引信。引信由击针、雷管等部件组成，平时击针被保险帽固定住。木柄内装有传爆药，引信起爆后引燃传爆药，再由传爆药引发弹体内的炸药。木柄的外部则为用于稳定的定向伞，定向伞有4片三角形的帆布，这些帆布安装在连接着弹簧的骨架上，行军状态下依靠保险帽收缩在一起。使用时，卸下保险帽，定向伞像雨伞一般弹开，同时击针保险也被解脱。朝向目标投掷后，定向伞负责保持手榴弹的方向稳定，弹头接触目标后击针在惯性作用下撞击点火帽，最终引燃传爆药引爆战斗部。

PWM主要由前期和后期两种型号构成，前期型也称Panzerwurfmine Kz（Kz代表kurz，短），质量为1千克，战斗部质量为500克，可以击穿150毫米厚的垂直均质钢板。后期型也称PWM（L）（L表示long，长），质量为1.36千克，长度为533毫米。前期型的产量很小，而后期型的生产开始于1943年5月，虽然实际效果并不理想，PWM（L）的产量还是达到了20.3万枚。

HHL磁性吸附雷

高度	275毫米	附着力	45千克
总重	3千克	引爆时间	4.5秒
装药量	1.5千克	穿甲厚度	140毫米

⊕ HHL磁性吸附雷

HHL（Hafthohlladung，意为“附着承装定量炸药”）磁性吸附雷是二战期间德国国防军的标准单兵反坦克武器。在“飞拳”火箭发射器出现后，HHL不再生产，但仍作为后备军需。

HHL相当于一般成型装药高爆弹与手榴弹的结合体，早期呈半圆球状，之后才出现倒漏斗状。内部结构为铜罩杯（杯口朝向目标）加上杯底的高爆炸药，炸药后方就是引信。这个结构与24型柄式手榴弹相同，都是一个内部表面粗糙的铁管盛装引信，只要抽拉引信，内部表面粗糙的部分就会跟引信形成强烈摩擦而引燃，然后迅速升温到引爆炸药为止。炸药爆炸之后的能量释放就会推动罩杯，让罩杯以5倍音速往装甲的方向前进。原来杯底的部分这时候被炸药的力量往前推成像弹尖的部分，由于能量的关系，罩杯被压力以喷流的形式强迫推入装甲内，以高温跟高速的方式洞穿装甲。

HHL的底部有三对磁铁，这个设计就是要方便让单兵直接将HHL以磁力吸附的方式置于敌方坦克的装甲上，在装置之前需将HHL后端的点火器抽拉点燃炸药。这意味着坦克装甲的倾斜角就失去以倾斜角提升装甲厚度对抗成型装药弹头的优势，当然也就不足抵挡炸药的威力。

进入战备后，将雷管与延迟引信置入弹体末端准备待命。待发现敌方坦克接近时，由掩体后方朝向目标左右侧或后方进行突击。接近目标后抽拉点火器后并将HHL垂直吸附置于坦克装甲上，之后迅速离开并寻找掩体保护，等待引爆。

泰勒地雷

全长	102毫米	爆炸当量	5.5千克梯恩梯
直径	318毫米	重量	8.1千克

泰勒地雷是德国于二战期间生产制造的一种反坦克地雷，并被德军广泛使用。

泰勒地雷29型

研发与生产

二战期间，德军主要使用四种不同型号的泰勒地雷，包括泰勒地雷29型、泰勒地雷35型、泰勒地雷42型、泰勒地雷43型。德国于1943～1944年间总计制造了约3622900枚泰勒地雷。

士兵正在埋下泰勒地雷

安装在木桩上的泰勒地雷

构造与原理

泰勒地雷的炸药皆装载于圆盘形的金属盒内，上方装有以压力触发的引信；地雷外侧设有可供手提的握把。泰勒地雷外形呈盘状。内部装有约5.5千克的梯恩梯炸药，触发压力则约为91千克，其爆炸威力能损毁任何二战时期战车的履带，或摧毁轻型装甲车辆。由于泰勒地雷的触发压力较大，因此仅有车辆或重型物体通过其上时地雷才会引爆，普通人员经过则通常无法诱发地雷。

挂于树上的泰勒地雷

性能与维护

泰勒地雷主要使用两款不同的压力引信，其中T.Mi.Z.43引信装有标准防除雷装置。当T.Mi.Z.43引信被插入地雷中，压力板也安装完成后，引信内的保险切开销会被切断，并会发出一声“啪”的声响。这个动作会启动防除雷装置。因此，任何企图以松开压力板来移除引信以清除泰勒地雷的方式皆会导致地雷内的弹簧撞针被释放，并引爆地雷。由于无法从外观判断其使用的是哪一种引信，因此除雷者不应任意移除任何泰勒地雷的压力板，以免触发地雷。T.Mi.Z.43引信主要使用于泰勒地雷35型、42型及43型系列。

英国工兵正在移除德军用来爆破奈美根大桥的泰勒地雷

“莫洛托夫鸡尾酒”炸弹

“莫洛托夫鸡尾酒”炸弹（Molotov Cocktail）是一种构造简单却十分出名的反坦克武器。作为步兵反坦克的一种手段，它最早出现在西班牙内战，大规模应用则是在1939～1940年的苏芬战争中，“莫洛托夫鸡尾酒”这个名称也是来自芬兰军队。

之所以称为“鸡尾酒”，是因为这种武器所填充的通常是两种或者多种密度不同的燃料，最为常见的成分是汽油加焦油：其中较轻的汽油是主要燃烧剂，焦油的主要作用是减缓汽油的流动性，这样可以使其在燃烧时达到较高的温度，同时也可以产生大量的烟雾。

二战中，各个国家的士兵们在反坦克作战中都使用过这种简易的武器，不过，在德军和苏军中还发展了“制式”的“莫洛托夫鸡尾酒”炸弹。在东线战场开辟的初期，双方步兵都面临着无实际有效的轻型反坦克武器去对付敌方坦克的难题。很快，双方士兵发现这种简易的燃烧瓶适宜在近距离内摧毁坦克。于是，苏联和德国都出现了制式化的“莫洛托夫鸡尾酒”炸弹。

德国的制式“莫洛托夫鸡尾酒”炸弹主要有两种：早期的使用火焰喷射器燃料和汽油按1∶2的比例配置，后期的则采用粗苯和汽油的混合物（装在长10厘米，直径为8厘米的玻璃瓶内），后期型在保证威力的同时成本更低。这两种“莫洛托夫鸡尾酒”炸弹的玻璃瓶颈都缠有浸油粗麻纤维布带，供在投掷前点燃用。

↑“莫洛托夫鸡尾酒”炸弹

↑冬季战争中芬兰军人使用的“莫洛托夫鸡尾酒”炸弹

3.3 火焰喷射器

Flammenwerfer 35火焰喷射器

总重	35.8千克	有效射程	25米
燃烧剂容量	11.8升	最大射程	30米

携带Flammenwerfer 35火焰喷射器的德军士兵

Flammenwerfer 35火焰喷射器是德国在一战后研制并广泛使用的单兵火焰喷射器。一战结束后，德国被禁止拥有火焰喷射器。不过从1933年开始，德国重新展开了对火焰喷射器的研制工作，其成果就是Flammenwerfer 35火焰喷射器。该火焰喷射器于1935年开始生产，并一直持续到二战结束。

德军士兵正在使用Flammenwerfer 35火焰喷射器

Flammenwerfer 35火焰喷射器在

设计上沿用了一战时期的经验，储罐装有11.8升十九号燃烧剂和压缩氮气，其有效喷射距离为25米，最大喷射距离30米。既可以一次喷射完所有的存油，也可以进行15次短点射。短点射时，燃剂限流阀和衬管内的点火信管同时开闭，以控制燃烧剂喷射量。

Flammenwerfer 40火焰喷射器

总重	21.8千克	有效射程	20米
燃烧剂容量	7.5升	最大射程	30米

⊕ 背负Flammenwerfer 40火焰喷射器的德军士兵

Flammenwerfer 40火焰喷射器是Flammenwerfer 35火焰喷射器的改进型号，1941年研制。由于没有设计定型，所以该火焰喷射器的产量很少。

Flammenwerfer 40火焰喷射器的重量减轻了不少，相应的燃烧剂存储量也有所减少。其外形上的特点是燃油罐和压缩氮气罐合并为圆环形，像一个汽车轮胎。Flammenwerfer 40火焰喷射器的燃烧剂存储量为7.5升，能点射8次。

Flammenwerfer 41火焰喷射器

总重	22千克	有效射程	20米
燃烧剂容量	7升	最大射程	30米

Flammenwerfer 41火焰喷射器是在Flammenwerfer 40火焰喷射器的基础上研制而成的，燃剂罐和喷射剂罐采用分体双缸设计，配有背架和储罐固定架。喷射剂采用液氢，喷射剂罐容积3升，内容液氢0.45升，可进行8次短点射。

Flammenwerfer 41火焰喷射器

Flammenwerfer 41火焰喷射器在1941～1942年的东线寒冷地区的使用中出现了一些问题，如经常出现冷喷的现象。针对该问题，军工部门对其点火装置做了部分修改，具体措施包括采用火药信管取代了原来的氢打火信管。火药信管有10个火帽，即便在严寒条件下也能正常打火。这种修改后的型号被称为Flammenwerfer 41 mit Strahlpatrone。它比Flammenwerfer 41更轻，仅重18千克，而射程和点射次数却与Flammenwerfer 41相当。

Flammenwerfer 41 mit Strah-lpatrone火焰喷射器成为德军喷火兵的标准装备，其生产工作一直持续到二战结束，生产总量高达6万多具。

背负Flammenwerfer 41火焰喷射器的德军士兵

Einstossflammenwerfer 46火焰喷射器

长度	0.5米	直径	7厘米
总重	3.6千克	有效射程	20米
燃烧剂容量	1.7升	最大射程	30米

Einstossflammenwerfer 46火焰喷射器是一种为空降兵和突击部队研制的火焰喷射器，绰号Flammfaust（“火拳”）。该火焰喷射器总产量约为3万具，为一次性使用，外形酷似爆破筒。其管状燃料罐可存储1.7升燃烧剂。在燃料罐的前部有一个100毫米长的喷管，与燃料罐的接口平时用橡皮塞塞住，喷管下方有一个喷射剂腔。Einstossflammenwerfer 46火焰喷射器采用摩擦点火器点火，在按下摩擦点火器的断裂杠杆后，喷射剂腔即会破裂，燃料被喷出，点火器同时点火。

⊕ 德军士兵使用Einstossflammenwerfer 46火焰喷射器作战

第4章

盔明甲亮

——军服

德国人的民族性格决定了德军比其他国家的军队更看重权威，而权威的体现很大程度上来自军服。二战时期，德国军队的制服纷繁复杂，国防军、党卫军和警察部队都有自己的制服，受限于篇幅原因，本章仅选择最具代表性的款式加以介绍。

4.1 盔帽

大檐帽

早在1811年，大檐帽就已成为沙俄陆军军官的工作帽。1814年，大檐帽又被普鲁士陆军元帅选中，成为普鲁士军官的日常服饰。1856年，英国海军先在低级军官军服上使用大檐帽。1902年，大檐帽与英国陆军新卡其布军服一起供外出与下班穿着。20世纪，大檐帽在全世界普及，并越来越正式。与其他国家的大檐帽相比，德军大檐帽的设计非常独特。可能是因为既要镶上国徽“帝国之鹰”（Reichsadler），又要镶上军徽的原因，德军大檐帽的正面翘得很高，侧面的进深也较大。二战时期，德国各个军种的大檐帽的样式基本相同，只是颜色不同。

德军基层军官佩戴的拆除了硬边的大檐帽

德语“帝国之鹰”一词最早来源于查理曼大帝时期，其图案来自罗马军队的拉奎拉权杖。在德国历史的各个时期里，鹰都是国徽的主要图案。1933年希特勒掌权后，仍继续使用魏玛共和国的国徽。之后，纳粹党使用了一个名为“党之鹰”的徽章，图案为一个头朝右看起来有进攻性的黑色鹰，抓住一个高度风格化的橡树环，其中为一个卐字。1935年后，一种与“党之鹰”相似的“帝国之鹰”成为新的国徽。此时的“帝国之鹰”与“党之鹰”的主要不同之处在于“帝国之鹰”的鹰头朝左，其他细节略有区别。二战期间，德国各

“党之鹰”徽章

“帝国之鹰”国徽

个军种的大檐帽上都会镶上“帝国之鹰”。

德军大檐帽内部有起支撑作用的硬边，在前线作战的德军基层军官往往会自己把硬边拆除，使大檐帽变成软帽，方便佩戴耳机和伪装物，而且更加舒适。不过，德军高级军官非常注重仪容仪表，通常不会采取这种做法。

头戴大檐帽的埃尔温·隆美尔（陆军元帅，左）和海因里希·希姆莱（党卫军首领，右）

船形帽

船形帽又称为国际帽，采用国际通用样式，不仅美观大方，同时也较好地解决了夏季戴大檐帽太重、太热和不便携带的问题。二战期间，德国军队也装备了船形帽，主要是作为野战便帽使用，主要型号有M34/M35便帽、M38便帽、M40便帽、M42便帽等。

M34/M35便帽出现于1934年，配发对象是国防军陆军士兵及士官，广泛使用直到1943年。相较其他型号的便帽，M34/M35便帽在历史照片中更为常见。M34/M35便帽的特点是帽顶宽大，可将帽顶撑平，帽顶折叠佩戴时，中间呈现很深的折缝。M34/M35便帽的配饰有船形帽专用分体式帽徽、兵种色线（呈倒三角形围绕国籍圆徽，1942年7月取消）、金属师徽（佩戴在左侧，选择性配置）、部队荣誉标志（佩戴在分体式帽徽中间）等。

M34/M35便帽

M38便帽出现于1938年，配发对象是国防军陆军军官。M38便帽的外帽墙与M34/35便帽类似，但帽顶很窄。帽顶一圈

㊉ 佩戴M38便帽的军士长

㊉ 佩戴M40便帽的党卫军士兵

㊉ M42便帽

和外帽墙前方有金属银线，帽徽采用金属丝刺绣分体式帽徽，其他配饰与M34/35便帽相同。

M40便帽出现于1940年，配发对象是国防军空军、国防军海军、武装党卫军的士兵及军官。M40便帽的帽顶宽度与M38便帽相似，为窄帽顶。外帽墙弧度圆滑，不像M34/35便帽和M38便帽那样呈现明显的月牙状缺口。配饰方面，士兵的M40便帽与M34/35便帽相同，军官的M40便帽与M38便帽相同。

M42便帽出现于1942年，可视为船形帽与有檐野战帽的过渡型，配发对象为国防军陆军士兵及士官。M42便帽采用了与M34/35便帽类似的宽帽顶，相当于更换了活动帽墙的M34/35便帽。外帽墙采用了与M43野战帽相同的带扣襟的结构，2颗纽扣。配饰方面，以T字形一体式野战帽徽最为常见，后期有少量的梯形一体式野战帽徽。

有檐野战帽

德军在二战期间配发的有檐野战帽主要有M43野战帽和M44野战帽两

种，均出现于二战中后期。

M43野战帽出现于1943年，配发对象是国防军陆军、国防军空军和武装党卫军所有军衔人员（山地兵除外，山地兵有自己独特的短帽檐野战帽）。M43野战帽具有长帽檐，活动帽墙前方用两颗纽扣固定。配饰包括梯形一体式野战帽徽（大多数）、T字形一体式帽徽（前期少数）、师徽（右侧佩戴，选择性配置），军官的M43野战帽在帽顶一圈和活动帽墙正面半圈上具有军官银线。

武装党卫军的M43野战帽

M44野战帽出现于1944年，配发对象与M43野战帽一致。M44野战帽整体与M43野战帽相似，但是扣襟仅使用一颗纽扣。M44野战帽有采用帽用小纽扣的版本，也有采用衣服大纽扣的版本，采用不同纽扣的M44野战帽扣襟宽度各有不同。扣襟尽头形状有方的也有圆的。配饰与M43野战帽一致，但鲜有使用T字形帽徽的。

防护帽

防护帽是德军早期曾经配发过的一种半球形的宽松软帽。它由毛呢外罩与软质橡胶防护盔两部分构成。内衬是一个半球形的橡胶软盔，顶部开有六个气孔，带有金属孔环，盔顶和盔沿衬有人造革防汗内衬。外罩由一整片精纺毛呢裁剪整形而成，用松紧带固定在橡胶软盔边缘的凹槽上，可以随时拆卸清洗。

防护帽正面视角

佩戴防护帽的德军装甲兵

防护帽主要供德军装甲兵使用，但评价一直不好。因为外罩过于松垮，德军士兵尖刻地嘲讽戴着这种帽子就像套着面粉袋，不仅戴起来不舒服，而且在车里行动时常常挂住一些开关和手柄。另外，由于橡胶软盔太大，以至于根本无法佩戴制式耳机，因此当时的车长只能把耳机挂在后脑勺上，路况不好时还得用手扶住，否则就会被震落。由于这种帽子的毛病太多，德军装甲兵除了阅兵和宣传拍照时戴着装装样子，平时训练与作战时则改戴配发的船形帽或陆军制式钢盔。到最后，船形帽逐渐成为德军装甲兵约定俗成的作战帽。

头盔

在20世纪20年代和30年代前期，魏玛防卫军中同时使用M1916、M1917和M1918头盔。为了规范魏玛防卫军的整体面貌，大部分头盔都采用了伪装效果更好的新伪装色。此外，还有一些轻质铝制头盔用于游行和阅兵之中，不过没有在野战训练中采用。

1934年，一款基于一战头盔的新式头盔设计完成，翌年被德军定为制式头盔，并命名为M1935头盔。M1935头盔是二战爆发后德军使用的第一款新式头盔，它取代了此前所有头盔，并一直被使用到二战结束。M1935头盔采用一整片钼钢板，经过多次冲压后才成形的，其边缘是圆滑的弧线卷边，内衬采用了更有利于保护头部的M1931型，佩戴起来更加舒适。

⊕ M1935头盔

⊕ 佩戴M1935头盔的德国空军士兵

M1935头盔投产后，陆续配发给了德国国防军陆军、海军和空军部队，之后又发放给了武装党卫军使用，各军种之间的差别只能通过钢盔出厂前喷涂的半光底油漆和不同的盔徽来区分。陆军的M1935头盔是用有光泽的田野灰色涂装，其左、右两侧分别是银色的国防军鹰徽和帝国国旗（黑白红）三色盔徽；海军的M1935头盔最初也使用田野灰色涂装，后来使用了偏暗些的军舰灰色，其左、右两侧分别是金色的国防军鹰徽和帝国国旗（黑白红）三色盔徽；空军的M1935头盔是用有光泽的蓝灰色涂装，其左、右两侧分别是展翅状的空军鹰徽和帝国国旗（黑白红）三色盔徽；武装党卫军的M1935头盔由于其组织的特殊性质，其涂装与陆军一样使用了田野灰色（前期也曾使用过纯黑色的涂装），其左、右两侧分别是纳粹党的党徽和古北欧文字的双闪电样式的盔徽。

⊙ M1940头盔

⊙ 佩戴M1940头盔的陆军士兵

二战爆发后，出于生产技术和精减成本的原因，德军又推出了M1940头盔和M1942头盔。M1940头盔于1940年3月推出，当时已经开始使用自动化冲压技术制造头盔。M1940头盔的盔沿和M1935头盔几乎一样，很容易将两者混淆，最好的办法是通过观察通风孔来进行区别。为了降低成本，M1940头盔取消了M1935头盔单独安装通气孔的方法，而采用了直接在头盔上打孔的方式，这个简化步骤加快了头盔在战争时期的生产速度，不过需要使用新的模具。

1942年7月，作为德国战时生产体制改革的一部分，德军最后一次对制式头盔进行了升级。此次升级取消了M1935头盔和M1940头盔的边缘卷边的工序，于是诞生了M1942头盔。1942年8月，第一批M1942头盔出厂。到1945年初，因大部分工厂被盟军占领或工厂原材料缺乏才停产。M1942头盔最初使用的是左侧盔徽，不过到1943年时，为了增加头盔的隐蔽性和节约生产时间、成本，停止使用盔徽。

除了M1935头盔、M1940头盔和M1942头盔，二战期间德军还有一种重要的头盔，即M1938伞兵盔。这种头盔去掉了常规钢盔的前沿和后半边的大垂边，减轻了许多重量，简洁的外形可免除伞兵在空降落地时盔沿伤到颈部，内部加强固定带可防止钢盔往前倾。

1940～1943年间，许多一战时期的M1916头盔、M1917头盔、M1918头盔被送到工厂翻新，并重新配发给德军的步兵单位使用。这是因为当时大量征召士兵，出现了头盔供不应求的局面。这些旧头盔外部被涂上粗糙质感的涂料，一般情况下，内部也采用的是同一种涂料。根据1940～1943年的规定，几乎每一顶头盔都使用了单盔徽贴花，不过也有一些头盔仍然保留了双盔徽贴花，且配发了新的下巴带。

佩戴伞兵盔的德军伞兵

M56钢盔

M56钢盔是东德军使用的钢盔，其形状如同一只铁锅或东亚地区常见的斗笠。二战时期德国军方对M35/40/42钢盔的研究表明其防弹能力仍不够好，而在前线为此而有大批伤兵，因此决定研制一种新式钢盔。新式钢盔借鉴了坦克倾斜装甲的设计，令来袭的子弹会顺着钢盔弧度而被卸开，其形状如同一只铁锅或东亚地区常见的斗笠，被命名为M45钢盔。由于它外表不美观而被元首希特勒否决，在希特勒眼中只有M35/40/42钢盔才能代表德意志的威武形象，但相关研究却仍背着希特勒继续进行研制直至1945年德国战败。二战后德国被分为东德和西德，1956年东德在苏联的扶持下组成东德军，M45钢盔重新获得使用并改名为M56钢盔，而M56钢盔也就成为了东德军的标志。M56钢盔除了东德自用外，还出口至其他第三世界国家。

头戴M56钢盔的东德士兵

作为德意志第三帝国末代军事科技，M56钢盔与瑞士的M71头盔一同被视为在PASGT钢盔出现前防弹能力最佳的钢盔，例如：在15米距离上使用鲁格手枪弹和托卡诺夫手枪弹射击M56钢盔，结果只会在M56表面造成凹陷，而无被击穿或造成裂缝。

以头戴M56钢盔为主题的东德邮票

4.2 衣裤

国防军制服

一战结束后，德国陆军设计了一种实用型军服。新式军服没有普鲁士军人时代过多繁杂的装饰物，造型朴素简洁，基本式样为：对开前襟，八粒金属衣扣，立翻领，前胸袋为对称外贴，下摆袋为内藏斜插式外露翻盖，后腰有两粒固定腰带位置的衣扣，衣服面料的颜色和一战士兵作战服类似，为田野灰色。这种新式军服被命名为M19型军服，不分军衔等级皆可领用。

M36型作战服

M19型军服一直使用到1933年末。1934年初，对其衣领进行了改革，换用一种暗绿色的面料。当时，针对陆军军服实行颜色更换的还有士兵/士官的肩章以及大檐帽的帽檐，并开始配用纳粹徽记。改革后的军服被命名为M34型军服。同年，在M34型军服的基础上另外设计了一种衣襟有兵种色镶线的半礼服供礼仪或正式场合使用，被称为M34型半礼服。这两款军服很快在两年后被M36型常服和M36型半礼服替代，但仍然有少部分人经常穿用，比如古德里安将军在二战中仍然使用M34型常服，而许多资料中可见瓦尔特·冯·布劳希奇和威廉·凯特尔元帅穿M34型半礼服。

1935年，德国军事力量开始复苏，所有的军事改革都被提到日程上来，当年的装备设计局的设计方案开始把军服按用途区分为几种：武装服（Waffen Rock）即阅兵服或礼服，军用服（Dienst Rock）即常服，野战服（Feld Bluse）即作战服。依照第二帝国时代的风格研制的M35型礼服便是一例。这种礼服的基本样式为：对开前襟八粒金属衣扣，立翻领，无衣袋，后腰有两个对称的翼型装饰，袖筒有和领章一致的装饰块，衣领、前襟、袖筒、腰后翼均有兵种色镶线。着装礼服时，勋章必须以全章的形式佩戴。M35型礼服在1939年战争爆发后减少，直至取消了对士兵的发放。

M36型常服包括M36型军官常服和M36型作战服两种。M36型军官常服基本结合了常服和野战服的特点，如用粗面料、有底子、有袖筒、五个扣子等。M36型作战服为士兵的日常服装，同时部分前线军官也有配发。M36型作战服的外形和M36型军官常服类似：四个水平贴袋，前襟为六粒衣扣（也有五粒衣扣的），衣领、标志底版均为暗绿色。两者的差异在于面料、做工和一些细节方面：常服采用含丝的密纹面料，摸上去比较光滑，而夏季作战服为薄的透气棉，冬季作战服为厚毛毡料；常服采用西服工艺，基本不露缝线（口袋除外），而作战服在面上可以看到纵横交错的缝线。另外，常服的内里为全套的丝料，而作战服只有前胸部分衬有棉布料；细节方面，常服有袖筒，而作战服没有。作战服有挂皮带的小孔、袖口调节扣和下口袋的扩层，而常服没有。另外，作战服内里还有特别的腰围调节带、药棉小袋、加强布块等。

党卫军的M43型作战服

早期的M36型军官常服和M36型作战服在颜色上也存在差异，M36型军官常服偏蓝灰色，而M36型夏季作战服为芦苇绿色，冬季作战服则呈现偏棕的灰绿色。1940年以后，在战场上，作战服开始统一颜色——如取消领子和标志的暗绿底色，岩石灰色的裤子也改为和上衣一样的灰绿色。常服的面料也开始使用棕绿色的料子，这种衣服在洗到最后会变成黄白色。因此，从一些资料上可以看到，M40型、M42型、M43型、M44型等作战服都已经完全采用一致的颜色。

⊕ 1941年时德国海军制服

1939～1942年，德军的制服都没有什么重大变化。但是随着战争的深入和经济状况的恶化，德军不得不简化制服的设计，并且采用质量更低的面料。到了1942年和1943年之间的冬天，作战服的羊毛含量下降到大约50%，有些甚至下降到35%。而羊毛的质量由于经过了一次再加工也大大下降。1943年，经济形势造成的压力使得德军不得不发放简化的制服，即M43型作战服，到了1944年9月，德军又发放了全新的M44型作战服。这两种作战服在设计的时候就考虑到了节约资源的因素，同时也能由那些相对不是那么熟练的工人缝制。

1940年，为了支持在北非连连失利的意大利盟友，希特勒派军队远赴非洲作战。同年非洲军将士开始使用M40型热带制服。这是一种用棉布制作成的棕绿色和砂黄色的制服，款式基本与陆军M40型作战服相同，小开领，原来的初衷是在里面结上领带，但炎热的气候使士兵们不太愿意讲究风纪。虽说许多人更愿意穿制式衬衫和短裤，但仍有许多人还是将外穿的制服使用到从非洲撤出。配合热带地区使用的装备如钢盔、腰带、水壶等也采取和服装一致的棕绿色以及砂黄色。

⊕ 埃尔温·隆美尔的非洲军团制服

1943年，德国还为部分士兵装备了三色迷彩军服。这种迷彩服遍布形状不规则的三色斑块，一方面这些斑块可歪曲人体的线条轮廓，另一方面其中部分斑块颜色与背景色近似一体，部分斑块又与背景色差别明显，从视觉效果上分割了人体外形，从而达到伪装变形的效果。德军的迷彩服在实战中收到了很好的效果，后来各国军队纷纷仿效，并对迷彩的颜色和斑块的形状进行研究改进。

武装党卫军制服

1938年时的党卫军集团领袖制服

1933年，武装党卫军开始使用M32型制服，这是一种使用黑色面料的衣服，外形参照陆军军服设计而成：将衣领改为开领，并缀有镶线，前衣扣为四个，佩单边肩章；同时期的党卫军特别机动部队（SSVT）也开始使用一种土灰色的作战服，这是与M32型制服相同的棉布制服，没有衣领的镶线，佩戴第一型的尖翼臂鹰标志。

1937年，党卫军又推出一款新的军服取代黑色制服，与M32型制服外形相似，采用田野灰面料，用党卫军鹰徽取代了纳粹党的卐字袖章，称为M37型制服。从1937年起，党卫军全体人员开始佩戴类似国防军的双肩章（旅队长以上人员仍保持老风格，直至1942年1月才更换成将官大肩章）。M37型制服在1938年开始使用，一直到战争结束。同时更新肩章和鹰徽的还有1933年配发的M32型白色夏季制服，军官夏季制服一般采用一种网织法的透气棉。SSVT人员的作战服也在1938年有所改变，去掉了袖筒，增设调节口，还是四个衣扣，但在衣领处各有一个金属钩，在执勤时可将领钩扣合。

1939年，党卫军重要将领约瑟夫·迪特里希（Josef Dietrich）将陆军的M36型常服引进到党卫军第1装甲师中，并逐步在党卫军和集中营看守部队中推广。到1940年时，所有的党卫军部队都已经换上了和陆军同步的军服，之后又陆续引进M40型、M42型、M43型、M44型等作战服，并且于1942年6月全面推行陆军式的兵种识别色。

1938年时的党卫军第1“阿道夫·希特勒警卫旗队”装甲师制服

身穿党卫军制服的约瑟夫·迪特里希

第5章

精细繁复

——标志和徽章

二战时期，德军开了军服高度复杂化和精细化的先河。当时德国国防军、武装党卫军、警察部队制服上用于表示官阶和军兵种的饰品名目繁多，让人眼花缭乱。另外，为了激励士气，德军的勋章和奖章系统也非常完善。本章主要介绍二战时期德军的一些重要标志和徽章，这些东西虽然小巧玲珑，但在战争中所起到的作用却不容小觑。

5.1 军衔体系

5.1.1 二战时期德国军衔的沿革

1933年的德国帝国国防军（当时德军的正式名称）军衔按军种区分为陆军、海军两类，按等级划分为：元帅、将官（大将、上将、中将、少将）、校官（上校、中校、少校）、尉官（上尉、中尉、少尉）、士官（上士、中士、一级下士、二级下士）、兵（上等兵、一等兵、二等兵、三等兵、列兵），共6等20级，各军种基本相同。元帅分别称为陆军元帅、海军元帅，海军海勤士兵冠以“水兵”。

由于这时的德国仍是“一战战败国”身份，受到《凡尔赛和约》和法、英、美等国在政治、经济、军事上的各种制约，其军官军衔也受到了一定的影响：陆军元帅、海军元帅设而未授，任现职的仅有一战时晋升陆军元帅军衔的总统兴登堡，从1918～1935年期间未晋升、授予过一位元帅；虽然设有大将军衔，但除“帝国国防部部长兼帝国国防军总司令”外，其他人莫能染指这个军衔；各级军官的晋升期限显著增长，隆美尔、古德里安都曾在上尉军衔停留十余年之久。

1934年，兴登堡总统病势沉重，国会决定由希特勒代行总统职权。希特勒便迫不及待地开始实施他野心勃勃的扩军计划，与此同时，对武装力量的各种规章制度（包括军衔制度）也开始进行“纳粹化的、为期十一年”的改革。1934年7月20日，希特勒批准党卫军建立武装部队；9月，成立党卫军特别机动部队，组建“阿道夫·希特勒警卫旗队”等团级部队。

⊕ 身穿旧式陆军元帅制服的兴登堡

1934年10月，整合党卫军军衔级为：领袖——党卫军帝国领袖；高级长官——党卫军总指挥、党卫军地区总队长；上级长官——旅队长、区队长、旗队长；中级长官——党卫军一级突击队大队长、党卫军二级突击队大队长；初级长官——党卫军一级突击队中队长、党卫军二级突击队中队长、党卫军三级突击队中队长；高级士官——党卫军突击队小队长、党卫军一级小队长、党卫军二级小队长；初级士官——党卫军三级小队长、党卫军三级小队副；正式队员——党卫军组长、党卫军突击队队员、党卫军队员；预备队员——党卫军候补队员、党卫军学员，共8等21级。

1935年3月1日，正式组建空军司令部；3月16日，帝国国防军改称国防军；在空军中设立“飞行勤务军衔”；在海军中恢复了一战时曾设立的“海军准将”军衔；设立“总参勤务军衔”，这种军衔授予经过严格选拔和专门培训（如在军事学院接受过总参业务训练），在帝国战争部或国防军局及以后的武装部队最高统帅部工作的，从事参谋勤务的校官、尉官（在各军种总司令部工作的参谋军官不授予这种军衔）；第一次调整士兵军衔：陆军取消一等兵军衔，将二等兵军衔区分为“服役6年以上”和“服役不满6年”两级，增设上等列兵军衔，同时对军衔标志进行修订；海军增设一级上等水兵、海岸勤务一级上等兵等军衔；空军取消上等兵军衔。

1936年，在陆军将官中增设“陆军元帅衔大将”军衔，高于大将半格，低于陆军元帅半格，计划授予担任国防军总参谋长、集团军群总司令、陆军参谋长等高级职务的大将。事实上，早在19世纪末的第二帝国期间就曾设过此衔，大名鼎鼎的“铁血宰相”俾斯麦就领有此衔，直到1898年去世才被追晋为陆军元帅。

1938年2月4日，成立“德国武装部队最高统帅部”，德国国防军改称德国武装部队，并正式将党卫军特别机动部队等武装力量纳入“德国武装部队”编制；第二次调整士兵军衔：增设各军种的一级上士军衔；海军增设一级中士（海军一级中士、海岸勤务一级中士、海军步兵一级中士）和一级上等兵军衔（一级上等水兵、海岸勤务一级上等兵、海军步兵一级上等兵等）军衔。

1939年，正式建立党卫军野战部队（武装党卫军）——党卫军第一装甲师“阿道夫·希特勒警卫旗队”（简称“元首师”）、党卫军第二装甲师“帝国师”、党卫军第三装甲师“骷髅师”、党卫军第四装甲掷弹兵师“警察师”（摩步师），开始设置并使用党卫军野战部队军衔称号和标志，如党卫军准将（区队长）等。

1940年，取消“陆军元帅衔大将”军衔；在武装部队最高统帅部内设立国防军宪兵司令部和宪兵司令官职务，将宪兵军衔提高到宪兵少将（海军、空军宪兵最高军衔仍为上校）——这也是陆军中将、少将军衔中唯一带兵种称号的。

1941年4月3日，更换陆军元帅的识别标志——帽徽、帽饰带、领章、肩章。

1942年，党卫军调整高级长官衔级，增设党卫军最高指挥（党卫军大将）级别，并修订了旗队长以上长官的衔级领章标志；第三次调整士兵军衔：陆军取消上等兵军衔，原上等兵大部分晋升二级下士，二级下士以上择优晋升，同时再次修订士兵军衔标志；将宪兵士官、军士、兵的军衔变更为“宪兵警长”、“宪兵警士”。

1943年，武装党卫军中增设一等兵军衔，但在党卫军其他机关、部队中未设立相应的衔级，在党卫军衔级表上也未列出相应称号。

1944年2月8日，第四次调整士兵军衔：增设空军上等兵军衔；将陆军宪兵部队扩编为第一、第二、第三宪兵总队，分别由一名宪兵少将任总队司令，撤销原设的国防军宪兵司令部和司令官职务；在海军、空军中增设海军宪兵少将、空军宪兵少将军衔。

到1945年战败前，德国武装部队的军衔区分为陆军、空军、海军、武装党卫军和宪兵，党卫军衔级单独设置。其中陆军军衔中另设总参勤务军衔，在海军中又分为海上部队军衔、海岸部队军衔。同时军政官、技术官、女军人另设有专门的级别（军衔）称谓。

5.1.2 典型军衔等级

5.1.2.1 陆军军衔

最高统帅——德意志第三帝国元首；

元帅——陆军元帅；

将官——大将、兵种上将（分步兵、骑兵、炮兵、装甲兵、装甲掷弹兵、山地步兵、工程兵、通信兵8种）、中将、少将；

校官——上校、中校、少校；

尉官——上尉、中尉、少尉；

士官——一级上士、二级上士、中士；

军士——一级下士、二级下士；

兵——二等兵（服役6年以上）、二等兵（服役不满6年）、三等兵、上等列兵、列兵。

以上共8等22级。

总参勤务军官军衔设：总参勤务上校、总参勤务中校、总参勤务少校、总参勤务上尉，共2等4级。总参勤务军官的待遇、晋升等方面均优于同级别的军官。

5.1.2.2 空军军衔

元帅——帝国元帅、空军元帅；

将官——空军大将、兵种上将（分航空兵、高射炮兵、空降兵、航空技术兵、航空通信兵、空军6种，其中“空军上将”只授予非空军出身而从其他军种、部队或地方调入的人员)、空军中将、空军少将；

校官——空军上校、空军中校、空军少校；

尉官——空军上尉、空军中尉、空军少尉；

士官——空军一级上士、空军二级上士、空军中士；

军士——空军一级下士、空军二级下士、空军上等兵；

兵——空军一等兵、空军二等兵、空军三等兵、空军列兵。

以上共7等22级。

飞行勤务军衔设飞行勤务上校至飞行勤务二级下士，共4等11级。

5.1.2.3 海军海上军衔

元帅——海军元帅；

将官——海军大将、海军上将、海军中将、海军少将、海军准将；

校官——海军上校、海军中校、海军少校；

尉官——海军上尉、海军中尉、海军少尉；

士官——海军一级上士、海军二级上士、海军一级中士、海军二级中士；

军士——海军一级下士、海军二级下士、一级上等水兵、二级上等水兵；

水兵——一等水兵、二等水兵、三等水兵、新水兵。

以上共7等24级。

5.1.2.4 海军海岸军衔

将官——海岸少将；

校官——海岸上校、海岸中校、海岸少校；

尉官——海岸上尉、海岸中尉、海岸少尉；

士官——海岸一级上士、海岸二级上士、海岸一级中士、海岸二级中士；

军士——海岸一级下士、海岸二级下士、海岸一级上等兵、海岸二级上等兵；

兵——海岸一等兵、海岸二等兵、海岸三等兵、海岸列兵。

以上共6等19级。

5.1.2.5 宪兵军衔

将官——宪兵少将；

校官——宪兵上校、宪兵中校、宪兵少校；

尉官——宪兵上尉、宪兵中尉、宪兵少尉；

警长——宪兵高级警长、宪兵一级警长、宪兵二级警长、宪兵三级警长、宪兵候补警长；

警士——宪兵一级警士、宪兵二级警士、宪兵三级警士。

以上共5等16级，海军、空军的宪兵军衔与陆军相同，在军衔称号前冠以“海军”、“空军”。武装党卫军宪兵军官的军衔多出“党卫军宪兵准将（党卫军区队长，8）”一级，宪兵士兵的军衔称号与普通武装党卫军士兵相同，但冠以“宪兵”。

5.1.2.6 武装党卫军军衔

将官——党卫军大将、党卫军上将、党卫军中将、党卫军少将；

校官——党卫军准将、党卫军上校、党卫军中校、党卫军少校；

尉官——党卫军上尉、党卫军中尉、党卫军少尉；

士官——党卫军一级上士、党卫军二级上士、党卫军中士；

军士——党卫军一级下士、党卫军二级下士；

兵——党卫军一等兵、党卫军二等兵、党卫军三等兵、党卫军上等列兵、党卫军列兵。

以上共6等21级。

5.1.2.7 党卫军军衔

领袖——党卫军帝国领袖；

高级长官——党卫军最高指挥、党卫军总指挥、党卫军地区总队长；

上级长官——党卫军旅队长、党卫军区队长、党卫军旗队长；

中级长官——党卫军一级突击队大队长、党卫军二级突击队大队长；

初级长官——党卫军一级突击队中队长、党卫军二级突击队中队长、党卫军三级突击队中队长；

高级士官——党卫军突击队小队长、党卫军一级小队长、党卫军二级小队长；

初级士官——党卫军三级小队长、党卫军三级小队副；

正式队员——党卫军组长、党卫军突击队队员、党卫军队员；

预备队员——党卫军候补队员、党卫军学员。

以上共9等22级。

5.1.2.8 军政官

军政官专指军队中在后方单位、各级司令部、机关、院校中从事工程、技术、教育、新闻、通信、军医、兽医、军械、军需、军法、行政等勤务的军人（野战部队中的此类勤务由军官、技术官、士官担负），其级别分为：

特级军政官——特级军政官；

高级军政官——一级军政官、二级军政官、三级军政官；
中级军政官——四级军政官、五级军政官、六级军政官；
初级军政官——七级军政官、八级军政官、九级军政官、十级军政官；
候补军政官——候补军政官。
以上共5等12级。

5.1.2.9 技术官

技术官是指从事专业技术工作、有一定的专业技术技能、未接受过军内外正规专业技术培训的士官、军士，其级别、职务仅在本单位有效。技术官的服役年龄战前规定为不超过35岁，开战后放松了规定。在陆军中分为：

上级技术官——正营级技术官、副营级技术官、正连级技术官、副连级技术官；

下级技术官——正排级技术官、副排级技术官、正班级技术官、副班级技术官；

候补技术官——候补技术官。

以上共3等9级。

5.1.2.10 女军人

女军人在当时的德国武装部队中数量不多，主要从事后勤辅助性工作。战争初期，她们穿军便服，只佩戴帽徽、军种胸标和兵种色带。到1943年前后，开始给女军人授予军衔、佩戴军衔标志，并利用德语的词性变化专门使用“女性军衔称号”。

以德国空军为例，为女军人设有如下军衔称谓：女空军少校、女空军上尉、女空军中尉、女空军少尉；女空军中士、女空军一级下士、女空军二级下士、女空军一等兵、女空军二等兵、女空军三等兵等。

5.1.2.11 军校学员

德国军校学员（自称“军官生”——即军官学员、“士官生”——即士官学员）设置有区别于士兵军衔的等级制度并佩戴专用的衔级标志（1940年以前与相同级别的士兵基本相同，1940年1月后设置了专用的肩章标志——两条银灰色横饰带）。

在国防军中，军官生的军衔设有：候补军官（相当于一级上士，下同）、一级军官生（二级上士）、二级军官生（中士，海军相当于二级中士）、候补军官生（二等兵，海军相当于三等兵）等，士官生的军衔设有：士官生（二级下士）、候补士官生（三等兵）等，海军海上部队士官生分一级、二级两等，分别相当于一级下士和二级下士。

在党卫军中，设有长官生和士官生，长官生相当于国防军中的军官生，设有：候补长官（突击队小队长/一级上士）、一级长官生（一级小队长/二级上士）、二级长官生（二级小队长/中士）、士官生（三级小队副/二级下士）、候补长官生（组长/二等兵）、候补士官生（突击队队员/三等兵）等。

5.2 警衔体系

警察是德国武装力量的组成部分，当时的德国警察拥有完整而复杂的既有别于军衔、军服但又有几分相似的警衔、警服。

1933年，希特勒刚掌权时的德国警察警衔区分为：高级警官——警察总监（相当于少将）、一级警监（相当于上校）、二级警监（相当于中校）、三级警监（相当于少校）；初级警官——警督长（相当于上尉）、一级警督（相当于中尉）、二级警督（相当于少尉）、三级警督（军衔中无相当级别）；警长——一级警长（相当于中士）、二级警长（相当于一级下士）、三级警长（相当于二级下士）；警士——警士（相当于三等兵）、候补警士（相当于列兵）。以上共4等13级。

1935年，经戈林和希姆莱批准，更改德国警察的警衔，将高级警官的警衔改为与军队的将校相似，增加了警长、警士的等级，同时设立了专业技术警察警衔。此时一般警察的警衔为：高级警官——帝国警察总监（相当于中将，由希姆莱兼任）、警察少将；上级警官——警察上校、警察中校、警察少校；初级警官——警督长、一级警督、二级警督、候补警督；警长——高级警长（相当于上士）、一级警长（相当于中士）、二级警长（相当于一级下士）、候补警长（相当于二级下士）；警士——一级警士（相当于二等兵）、二级警士（相当于三等兵）、候补警士（相当于列兵）。以上共5等16级。

↑二战时期的德国警察

1942年，为适应战争的需要，德国警察完全并入党卫军序列，警衔做了较大调整，主要是警官警衔改与军官军衔完全相同，警察将官领章改与党卫军将官相似，同时设立了作为战争预备队使用的“野战警察”，警察在战区执勤也改着灰绿色野战服。此时的警衔为：警察将官——警察大将、警察上将、警察中将、警察少将；警察校官——警察上校、警察中校、警察少校；警察尉官——警察上尉、警察中尉、警察少尉；警长——警督（候补警官）、一级警长、二级警长、三级警长、候补警长；警士——一级警士、二级警士、三级警士、候补警士。以上区分为2类（警官、警长警士）5等19级，到战争结束再未变化。

此外，德国秘密警察（即“盖世太保”）原来隶属于警察序列，不穿警服，1934年被划入党卫军建制，全体人员授予党卫军衔级，但外勤人员仍不穿党卫军制服。保安警察更于1942年将领章改为与党卫军相同，只是以领章底版颜色区分。

5.3 军衔和警衔标志

从1933年希特勒上台到1945年德国战败的12年间，德国国防军和武装党卫军的军服、军衔标志、服饰变化超过千计。同时，由于许多的变异，或未能及时记载，或难以为后来所确认，造成后人对其研究、探讨的难度极大。本书仅介绍已经被确认的、使用较为普遍的德国军衔标志。

5.3.1 1933年时的军衔标志

5.3.1.1 陆军军衔标志

1933年，德国陆军的军衔标志主要分军官肩章、士官肩章、兵臂章3类，不区分服装种类，佩戴在所有制式服装上。同时，军衔等级还体现在帽徽、帽饰带、领章、纽扣、袖章、裤线等方方面面。

（1）军官肩章

军官肩章按军衔级别分为将官（包括陆军元帅）、校官、尉官3等。将官肩章版面用2股金色铜制金属绳夹1股银色铜制金属绳双排辫花编结，底版为红色细呢，肩章扣为金色光面铜扣，陆军元帅在版面中间钉缀银色铜制交叉的权杖，将官在版面钉缀银色铜制星徽（菱形四角星——德军主要的标志，从将军到上等列兵均使用此标志），大将3颗、呈三角形排列，上将2颗、纵向排列，中将1颗，少将无星徽。校官肩章版面用4股银色铜制金属绳（比将军的金属绳细）双排辫花编结，底版为兵种勤务色细呢，肩章扣为银色光面铜扣（校官以下相同），在版面钉缀金色铜制星徽，上校2颗，中校

1颗，少校无星徽。尉官肩章版面用4股银色铜制金属绳（与校官同）双排纵向编结，底版为兵种勤务色细呢，在版面钉缀金色铜制星徽，上尉2颗，中尉1颗，少尉无星徽。

（2）士兵肩章

士兵肩章为野灰色呢料宝剑形（上端呈三角形），缝兵种勤务色丝织边线。士官肩章镶银白色饰条（在边线内，全封边），在版面钉缀银色铜制星徽，上士2颗，中士1颗，一级下士无星徽，二级下士的饰条边不封底边。兵的肩章只起装饰和区分兵种的作用，不区分军衔等级。

（3）兵臂章

兵臂章为野灰色呢料三角形，绣银白色的星徽、角线（角向下），上等兵1颗星徽2条角线，一等兵3条角线，二等兵2条角线，三等兵1条角线，新兵无军衔标志。

（4）领章

领章是德国陆军标示军衔等级的重要标志，按等级分将帅、校尉、士官、兵等种类。将帅领章为红色呢料平行四边形，用金色金属丝刺绣矢车菊图案（4朵花）。校尉领章装饰2个权杖图案，用权杖间的色条区分兵种勤务。士官领章也是2个权杖图案，但较军官的简朴，另用领边的白色环领饰条表明士官身份。兵的领章没有领边饰条。

（5）其他

1933年的德国陆军帽徽由富有德意志民族传统的黑白红三色同心圆环（钉缀在帽瓦上）和魏玛共和国国徽（钉缀在帽墙上）两部分组成，将官以上的国徽是金色的，其他人员的是银色的。帽饰带分元帅将官用的金黄色金属丝编制带、校尉用的银灰色金属丝编制带、士兵用的黑色皮革带3种。军服纽扣为光面铜扣，将官以上为金色，其他人员为银色。校官以下在右袖口缝一条印有银白色部队标号的黑色袖饰带，军官的有银色边。将官的裤线是2条红色宽饰带，军官的是1条兵种勤务色窄饰带，士兵的是1条兵种勤务色牙线。

5.3.1.2 海军军衔标志

1933年，德国海军军衔标志有帽徽、帽檐花、肩章、军官袖章、水兵臂章、水兵夏季臂章等种类。

（1）帽徽和帽檐花

魏玛共和国时期的海军帽徽是金色铜制的铁锚外围橡树叶花环，军官士官用，水兵帽上佩戴黑白红圆形小帽徽。大檐帽的帽檐花分为：2组金色橡树叶花枝——将官（含元帅）、1组金色橡树叶花枝——校官、1组窄的金色橡树叶花枝——尉官3种，士官无帽檐花。海军大檐帽的帽饰带都是黑色皮革制。

（2）肩章

海军肩章佩戴在军官夏服、工作服、大衣和士官军服上，分将官、校官、尉官、士官4种，其制式、用料与陆军军官士官基本相同，但肩章扣都为金色铁锚图案、绳纹边铜扣，版面上除指挥官外都钉缀金色铜制的兵种符号，底版均用藏蓝色呢料，士官的封边饰带为金黄色。

（3）军官袖章

军官袖章佩戴在军官冬服上，为金色金属丝刺绣的宽窄不同的横向饰带，海军元帅4中1宽，海军大将3中1宽，海军上将2中1宽，海军中将1中1宽，海军少将1宽，海军上校4中，海军中校3中1窄，海军少校3中，海军上尉2中1窄，海军中尉2中，海军少尉1中，在饰带的上面刺绣兵种符号。

（4）臂章和领章

在德国海军中，自一级下士以下都穿着水兵服并佩戴军衔臂章。下士臂章为海蓝色椭圆形，用金色线绣兵种符号，一级下士在符号下绣1条折杠，二级下士无折杠。水兵臂章为海蓝色三角形，用金色线绣星徽、角线，上等水兵1星2角线，一等水兵3角线，二等水兵2角线、三等水兵1角线，新水兵无军衔标志。夏季白色水兵服的臂章为白地海蓝色符号。水兵冬季短大衣和礼服同时佩戴领章——海蓝色、平行四边形，一级下士绣2道金色横杠，二级下士1道，水兵无横杠。

5.3.2 1933年后的军衔标志

5.3.2.1 陆军军衔标志

（1）正规部队

从1934年底开始，希特勒开始修订陆军军服和军衔标志：军帽的帽墙、军服的立翻领改为黑色；帽徽改为帝国之鹰和由橡树叶花环环绕的黑白红三色同心圆环；增设佩戴在右胸前的军种胸标；新设的陆军元帅衔大将肩章缀4颗银白色星徽（1940年取消）；校尉官领章和士兵肩章、兵臂章的底色改为墨绿色，以后根据面料的不同，又有灰绿色、野灰色、深灰色等变化；设立“总参勤务军衔”后，单独设置了“绘有花纹的权杖、洋红色底”的领章，以区别于其他军官；在专业勤务校官以下、军政官、技术官、士官的肩章上钉缀勤务符号；使用黑色的夹克式战车服和战车兵领章，领章为平行四边形、黑色底、中间缀银白色的“勇士”标志——头骨和交叉的大腿骨，军官为银色花边，士兵为兵种色镶边，此领章以后推广到了武装党卫军、空军步兵部队、海军步兵部队；士官军衔肩章、士兵肩章由尖头（宝剑形）改为

㊉德国陆军的帽徽

圆头（盾形）；新设的一级上士肩章符号为全封边银灰色饰条、缀3颗星徽（呈三角形排列）；上等兵肩章下端缝1道银灰色横向饰带（1942年取消）；取消一等兵军衔和军衔标志；二等兵臂章分为1条角线加1颗星（服役6年以上）和2条角线（服役不到6年）两种；新设的上等列兵臂章为墨绿色圆形符号、绣银灰色星徽。

1941年4月3日，更改陆军元帅服饰和军衔标志：帽饰带加粗、以区别于将官；领章图案改为6花矢车菊；肩章改为三股金色金属绳编结、缀银色交叉权杖。

1942年起，再次修订二等兵（服役6年以上）的臂章——改为原上等兵的2条角线1颗星。另外，从1942年起增设陆军野战服臂章，墨绿色地绣金色或军绿色符号，陆军元帅的野战服臂章是金色橡树叶花枝加金色宽横杠、绣银白色的交叉权杖，其他除花枝样式不同外，与武装党卫军野战服臂章基本相同。

㊉陆军元帅的领章
（上图为1942年前样式，下图为1942年后样式）

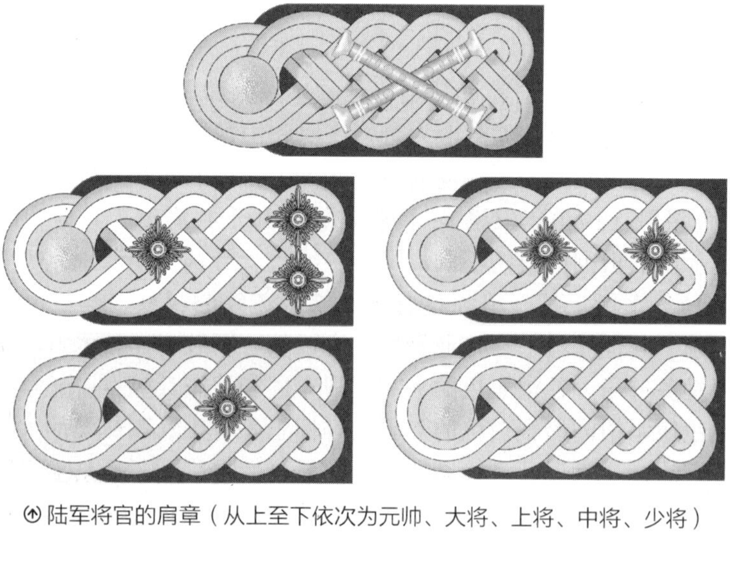

㊉陆军将官的肩章（从上至下依次为元帅、大将、上将、中将、少将）

（2）军校学员

德国陆军军官生、士官生的军衔标志分领章、肩章、臂章3类。候补军官、一级军官生佩戴尉官领章、穿着军官服。二级军官生、二级士官生佩戴士官领章、穿着士官服。候补军官生、候补士官生佩戴士兵领章、穿着士兵服。肩章从1940年起在版面下端缝2条银灰色横向饰带，军官生以上镶全封边银灰色饰条，候补军官缀3颗星，一级军官生缀2星，二级军官生缀1星，士官生镶银灰色饰条（不封底边），候补军官生和候补士官生的肩章只缝2条饰带。野战服臂章与同级士官相同，候补军官生的臂章是黑三角底绣2条银灰色角线，候补士官生是黑底1条银角线。

5.3.2.2 空军军衔标志

（1）正规部队

1933年，戈林任德国航空部长后，即开始设计空军的军服、军衔标志、服饰：使用崭新的空军军服、军衔、领章、肩章；将空军军服的色调定为灰蓝色；军官服为西服领、佩领带；帽徽为帝国飞鹰和由飞鹰两翼、橡树叶花环环绕的黑白红三色同心圆环；设立“飞行勤务军衔”；制定空降兵军服、设立空降兵军衔；设立飞行服、野战服臂章；为自己设立独特的帝国元帅服、帝国元帅领章/肩章/胸标；重新设立空军上等兵军衔。

德国空军的领章是军衔等级的重要表达方式，样式为近似于方形的平行四边形，底色将官以上为白色底，校官以下为兵种勤务色。帝国元帅的领章用金色金属丝编织边线，在四边用金丝刺绣花饰，早期左领为交叉的金质权杖、右领为收翼的金质帝国之鹰，后期改为左右都是交叉的金质权杖。将官以上用金色金属丝编织边线、在版面用金色金属丝刺绣花环，空军元帅绣张翼欲飞的帝国之鹰、在花环下端绣银白色交叉权杖，空军大将只绣张翼欲飞的帝国之鹰，空军上将绣3只小飞鹰，空军中将2只，空军少将1只。空军校官领章的边线、花环、小飞鹰用银色金属丝刺绣，空军上校3只，空军中校2只，空军少校1只。空军尉官领章的边线、花托、小飞鹰为银色金属丝刺绣，空军上尉3只，空军中尉2只，空军少尉1只。空军士官领章用银色线刺绣小飞鹰，领边有银白色士官饰带，一级上士、二级上士4只，中士3只，一级下士2只，二级下士1只。空军兵领章用银色线刺绣小飞鹰，上等兵（1944年重设）、一等兵4只，二等兵3只，三等兵2只，列兵1只。专业勤务军人、军政官的领章不绣飞鹰，绣各专业勤务标志。

德国空军的肩章与陆军肩章基本相同，但将官以上为白色底版，其他军人肩章底板、边线的兵种勤务色区分与陆军、武装党卫军不同，士兵肩章的底版是灰蓝色。另外，戈林先后为自己设计的空军元帅、帝国元帅肩章都华贵无比，空军元帅为3股金属绳（每根都用铜丝镀金若干次，再由工人手工编织）盘花编结、缀银制交叉权杖；帝国元帅为3股金属绳盘花编结，缀18K金的收翼帝国之鹰、交叉权杖。

帝国元帅的肩章和领章

空军元帅的肩章和领章

空军大将的肩章和领章

空军上将的肩章和领章

德国空军的战斗服臂章原规定佩戴在飞行服、伞兵服、地面战斗服、迷彩野战服、工作服的两臂，但在实际使用时，绝大多数军人在穿着上述服装时只佩戴肩章。帝国元帅不设战斗服臂章；空军元帅、空军大将的臂章为深灰蓝色椭圆形，军衔标志为金色橡树叶花环环绕的张翼欲飞的帝国之鹰，空军元帅有交叉的银色权杖；空军上将以下为兵种勤务色长方形；将官用金黄色的飞翼、横杠区分军衔，空军上将3翼1杠，空军中将2翼1杠，空军少将1翼1杠；校官、尉官用银白色的飞翼、横杠区分军衔，空军上校3翼2

杠，空军中校2翼2杠，空军少校1翼2杠，空军上尉3翼1杠，空军中尉2翼1杠，空军少尉1翼1杠；士官、下士用银白色的飞翼、星徽区分军衔，空军一级上士4翼1星，空军二级上士4翼，空军中士3翼，空军一级下士2翼，空军二级下士1翼。空军兵的军衔臂章为灰蓝色三角形、绣银灰色角线、星徽，空军上等兵2角线1星，空军一等兵3角线，空军二等兵2角线，空军三等兵1角线，空军列兵无军衔标志。

空军大将的臂章图案

空军上将的臂章图案

空军上等兵的臂章图案

空军三等兵的臂章图案

（2）军校学员

德国空军军官生、士官生的军衔标志分领章、肩章、臂章等。空军候补军官、空军一级军官生佩戴少尉领章（一级军官生的领章上不缀小飞鹰等符号），穿着军官服；空军二级军官生、空军士官生佩戴中士、二级下士的领章符号，穿着士官服；空军候补军官生、空军候补士官生佩戴二等兵、三等兵的领章符号，穿着士兵服。空军军官生、士官生的肩章样式与陆军军官生、士官生的基本相同，但版面颜色为灰蓝色，自二级军官生以下都钉缀银白色的兵种勤务符号。

5.3.2.3 海军军衔标志

（1）正规部队

德国海军军衔标志分为海勤、岸勤、海岸3类。海军海上部队（包括舰艇部队、潜艇部队、基地部队、各级指挥机关等）使用海勤、岸勤军衔标志。到投降前，其军衔标志分军官帽檐花、军官士官肩章、军官袖章、水兵臂章等种类。海军准将佩戴将官帽檐花、海军上校的肩章。高级军官袖章为：海军元帅4中1宽，海军大将3中1宽，海军上将3中1宽，海军中将2中1宽，海军少将1中1宽，海军准将1宽。海军士官肩章星徽的排列方式与陆空军不同：海军一级上士缀3颗星、呈三角形排列，海军二级上士缀2颗星、呈纵向排列，海军一级中士缀2颗星、呈横向排列，海军二级中士缀1颗星。上等水兵臂章为：以金色星徽和编花角线区分军衔，一级上等水兵1星2花线，二级上等水兵1星1花线。

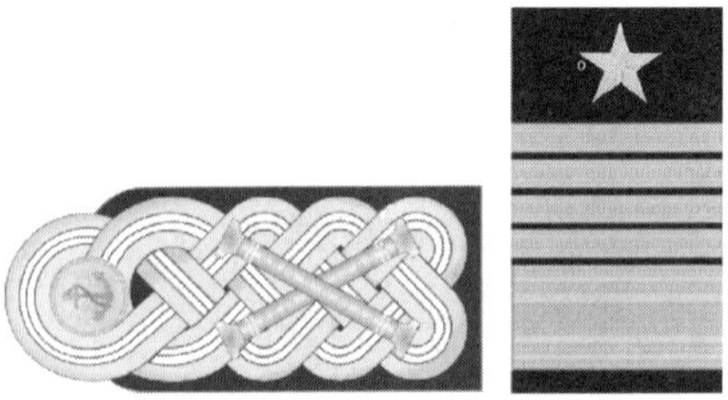

海军元帅的肩章与袖章

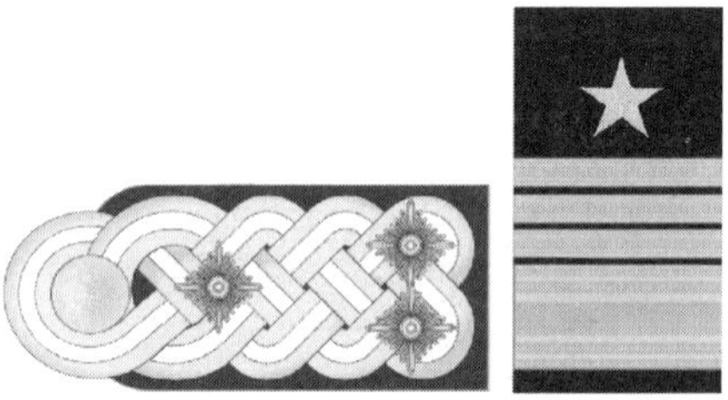

海军大将的肩章与袖章

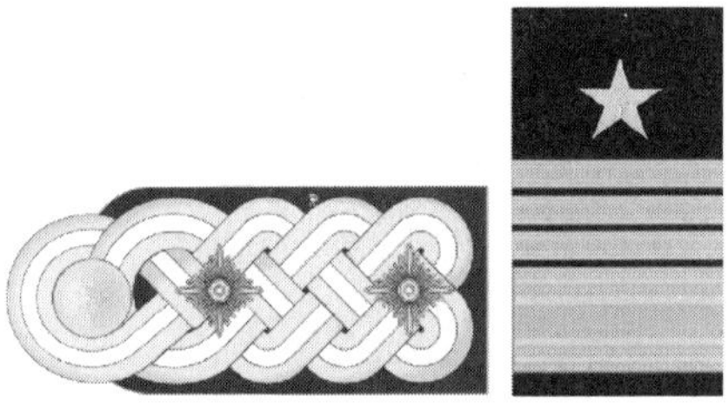

海军上将的肩章与袖章

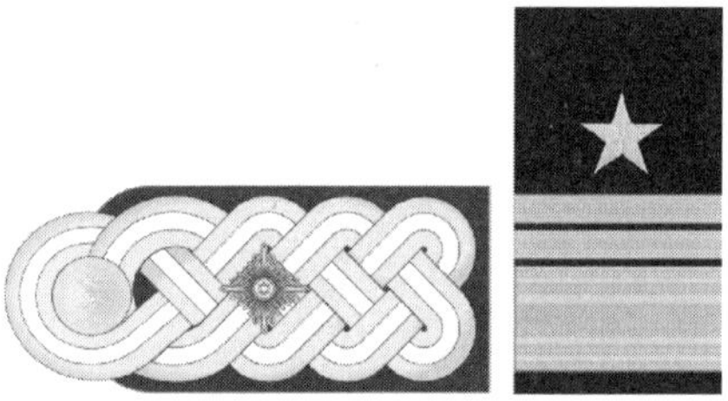

海军中将的肩章与袖章

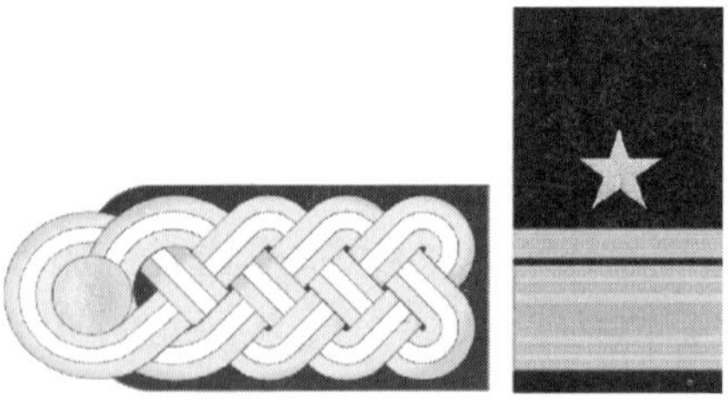

海军少将的肩章与袖章

海上部队的野灰色岸勤服为海上部队上校以下官兵执行岸上勤务、训练时穿着，准将以上军官无岸勤服制式。岸勤军衔标志、军服样式与陆军相似，以海军特有的海蓝色、金色铁锚相区分。帽徽为海军的金色编织帽徽——由橡树叶花环环绕的黑白红三色同心圆环，帽瓦上、右胸前的鹰徽为海军的金色编织鹰徽，肩章扣、纽扣为海军的金色铁锚绳纹扣。领章自校官以下相同，只是士官、下士有环领饰条，底板、权杖间的标志色为海蓝色。军官肩章与海上军官的完全相同。士兵肩章为野灰色版面，缀金色肩章扣、兵种符号。士官肩章为金黄色饰带全封边，缀金色星徽，海军一级上士3颗（三角形），海军二级上士2颗（纵向），海军一级中士2颗（横向），海军二级中士1颗。军士、水兵肩章中海军一级下士金黄色饰带全封边，海军二级下士不封底边，上等水兵绣1道横向金黄色饰带，水兵肩章无装饰。臂章与水兵臂章相似，底色为野灰色。

海军海岸部队包括岸防部队、海岸炮兵、观通部队、防空部队、海军陆战队、海军步兵和其他勤务部队。海岸部队的军衔标志与岸勤军衔标志基本相同，但军服、军衔标志的底色为墨绿色，在肩章上钉缀海岸炮兵、海军陆战队、海军步兵的兵种符号。海岸少将的领章为海蓝色底刺绣金黄色矢车菊图案。

（2）军校学员

海军军官生、士官生的军衔标志比较复杂：海军候补军官、海军一级军官生、海军二级军官生着穿军官服（冬季藏蓝色双排扣大翻领上衣、夏季白色直领上衣），海军候补军官戴尉官大檐帽，军官生戴士官大檐帽，佩戴海军军官生肩章——银色直板肩章，比尉官肩章窄，海蓝色底，缀金色铜制的肩章扣、兵种符号和星徽，海军候补军官2颗，海军一级军官生1颗，海军二级军官生无，袖章不区分等级均为金线刺绣的兵种符号。

海军一级士官生、海军二级士官生穿着士官服（冬夏均为小翻领、4个明贴袋制式，冬季藏蓝色、夏季白色），戴士官大檐帽，佩戴海军士官生肩章——宝剑形，深蓝灰色版面，一级士官生金黄色饰带全封边，二级士官生不封底边，钉缀金色铜制的肩章扣、兵种符号，没有袖章。

海军候补军官生、海军候补士官生穿着水兵服，臂章为海蓝色三角形绣1道金黄色角线（夏季为白底蓝符号），候补军官生加绣1个银灰色小角线，候补士官生加绣1个银灰色小横条。礼服、冬服的海蓝色领章上绣1个金黄色小角线。

5.3.2.4 武装党卫军军衔标志

1934年9月，党卫军特别机动部队的建立标志着武装党卫军正式出现。武装党卫军的衔级标志主要通过领章、肩章、臂章等体现，自1929年党卫军正式穿着制式服装、佩戴标志符号开始，到1945年战败溃散，其间衔级称谓、标志经历了1933年、1934年、1940年、1942年等数次变化。由于篇幅限制，本书仅介绍1945年德国战败前的武装党卫军衔级标志。

（1）领章

武装党卫军的领章是党卫军制式的黑色白符号领章。战争初期资源充足，领章多用细呢制作，符号用银色铜丝人工刺绣，高级长官的领章更选用高级礼服呢和银丝制作。到战争后期受限于资源，不得不选用黑色棉布、白色线以至于刷浆粘衬等更为廉价的制作方式。

武装党卫军上级长官（上校）以上长官的左右领都佩戴衔级领章，中级长官（中校）以下官兵在左领佩戴衔级领章，在右领佩戴部队领章，其中"党卫军师"中校以下官兵的符号是"双银色闪电"，其他的"党卫军志愿师"、"武装党卫军师"中校以下官兵的符号则是各师的"师徽"。隶属党卫军的"盖世太保"中级长官以下人员右领章是空版，"骷髅部队"（专门的集中营部队）的右领章是骷髅头。

长官的领章装饰银色编织边线。帝国领袖的领章符号是3片橡树叶外围花环；高级长官领章刺绣3片橡树叶，最高指挥（党卫军大将）加3颗银色星徽，总指挥（党卫军上将）加2颗星，地区总队长（党卫军中将）加1颗星；上级长官领章刺绣橡树叶，旅队长（党卫军少将）3片，区队长（党卫军准将）2片，旗队长（党卫军上校）装饰1片橡树叶；中级长官领章缀4颗银星，一级突击队大队长（党卫军中校）绣2道银色纵线，二级突击队大队长（党卫军少校）无纵线；初级长官领章缀3颗银星，一级突击队中队长（党卫军上尉）绣4道银色纵线，二级突击队大队长（党卫军中尉）绣2道，三级突击队中队长（党卫军少尉）无纵线。武装党卫军长官领章上的星徽有银线刺绣和银色金属星2种。

↑帝国领袖的领章

↑高级长官（党卫军大将、党卫军上将、党卫军中将）的领章

↑上级长官（党卫军少将、党卫军准将、党卫军上校）的领章

中级长官（党卫军中校、党卫军少校）的领章

初级长官（党卫军上尉、党卫军中尉、党卫军少尉）的领章

武装党卫军高级士官的领章缀2颗银色星徽，突击队小队长（党卫军一级上士）绣4道银色纵线，一级小队长（党卫军二级上士）绣2道，二级小队长（党卫军中士）无纵线；初级士官缀1颗银星，三级小队长（党卫军一级下士）绣2道银色纵线，三级小队副（党卫军二级下士）无纵线；士官的军服、野战服、工作服领边绣1道环领的白色饰带；士兵领章以银色纵线区分衔级，党卫军一等兵、组长（党卫军二等兵）绣4道银色纵线，突击队队员（党卫军三等兵）绣2道，队员（党卫军上等列兵）、候补队员（党卫军列兵）的领章无标志。

党卫军二级上士

党卫军中士

（2）肩章

武装党卫军的高级、上级长官在1940年以前佩戴党卫军的银丝编制窄肩章，1940年7月后改为佩戴与陆军将校相似的军衔肩章。武装党卫军将官的肩章为灰色呢底，其他官兵的肩章为黑色底镶兵种勤务色饰带（与陆军的兵种色不尽相同），肩章扣不分将官、军官、士兵，都是银色光面铜扣。除此以外，武装党卫军的军衔肩章与陆军同级军人的基本相同，但区队长（党卫军准将）佩戴上校的肩章，在增设一级上士军衔前，突击队小队长和一级小队长都使用上士肩章，1943年增设的党卫军一等兵肩章上缝1道银灰色横向饰带（样式与其他军种的上等兵肩章相同）。长官生、士官生肩章，除在版面下端缝2道银灰色横饰带外，与相同衔级士兵的肩章相同。

（3）臂章

武装党卫军的野战服臂章为黑色布制长方形，人造丝机绣金色或墨绿色的符号，缝缀在野战服的两臂。党卫军将官的臂章上端绣金色花枝、下端绣金色横杠，最高指挥（党卫军大将）1个宽横杠内绣3颗银星，总指挥（党卫军上将）3个窄横杠，地区总队长（党卫军中将）2窄杠，旅队长（党卫军少将）1窄杠；党卫军校官的臂章上端绣2个墨绿色花枝、下端绣墨绿色横杠，区队长（党卫军准将）4杠，旗队长（党卫军上校）3杠，一级突击队大队长（党卫军中校）2杠，二级突击队大队长（党卫军少校）1杠；党卫军尉官的臂章上端绣1个墨绿色花枝、下端绣墨绿色横杠，一级突击队中队长（党卫军上尉）3杠，二级突击队中队长（党卫军中尉）2杠，三级突击队中队长（党卫军少尉）1杠；士官、军官生、士官生的臂章绣墨绿色横杠，突击队小队长（党卫军一级上士）、候补长官5杠，一级小队长（党卫军二级上士）、一级长官生4杠，二级小队长（党卫军中士）、二级长官生3杠，三级小队长（党卫军一级下士）2杠，三级小队副（党卫军二级下士）、士官生1杠。

武装党卫军的士兵军衔臂章为黑色三角形、圆形，一等兵、组长（二等兵）、候补军官生绣2条银灰色角线，突击队队员（三等兵）、候补士官生1条，队员（上等列兵）为黑色圆形符号中绣1颗银白色星徽，候补队员（列兵）无军衔标志。

5.3.2.5 警察警衔标志

1942～1945年德国警察的警衔标志比较简单，只分领章、肩章两类。

（1）领章

警察将官领章的样式与武装党卫军将官的领章相似，只是将底色改为红褐色，边线、三片橡树叶、四角星的颜色为金黄色，大将3颗星，上将2颗星，中将1颗星，少将无星。警官领章样式与陆军军官相似，都是2个权杖，但以底色区分警种勤务，权杖中间无色标。警督、警长、警士的领章一样，是2个无花纹的权杖，绣银色边线。

（2）肩章

警官肩章的样式与同级军官肩章相同，唯肩章扣改为灰色铜扣。警督肩章比较特殊，在银色镶边内装饰银线编织的斜向饰带。警长肩章绣装饰有角线图案的银色边线，一级警长缀2颗银星，二级警长1颗，三级警长无星，候补警长的银色边线不封底边。警士肩章以横向银色横饰带区分警衔，一级警士3道，二级警士2道，三级警士1道，候补警士无。

5.3.2.6 女军人军衔标志

二战时期，德国国防军女军人的最高军衔为上校（仅陆军设立），其军衔标志主要通过袖章表达，以宽窄、数量不同的银线刺绣横饰条表达等别，以银色四角星表达级别：上校3宽条2星，中校3宽条1星，少校3宽条无星；上尉2宽条2星，中尉2宽条1星，少尉2宽条无星；一级上士1宽条1窄条2星，二级上士1宽条2星，一级中士（仅海军设立）1宽条1窄条1星，中士（海军二级中士）1宽条1星；一等兵（陆军为“服役满6年的二等兵”）3窄条，二等兵2窄条，三等兵1窄条，上等列兵（仅陆军设立）1星，列兵无军衔标志。

党卫军女军人以党卫军衔级领章表明级别，袖章仅起装饰、区分作用（左袖的饰条镶在部队、部门袖标的两侧），党卫军女长官（包括中级、初级）为2条银色宽饰条，女士官为2条银色窄饰条，女队员无饰条。

德国武装部队女军人的军服一般由船形帽（帽徽、装饰与同级男军人相似）、西式开领上衣、中短裙、长筒袜、皮鞋组成，陆军、空军女军人的领章与同级男军人相同（但较小），海军女军人无领章，在左臂佩戴专业勤务臂章，在右胸佩戴军种鹰徽（党卫军戴在左臂），在左袖上端佩戴技能章。

二战时期的德国女兵

5.4 兵种色

在德国历史上，除了海军通过标志区分部队种类外，其他军种一般使用颜色加以识别，主要使用在军帽的边线、领章和肩章的底版或边线的颜色上。1919年，魏玛共和国时期的国防军兵种色仅有11种，分别对应如下兵种：白色（步兵）、洋红色（参谋和文职）、红色（炮兵）、酒红色（化学兵）、玫瑰红色（汽车运输兵）、金黄色（骑兵）、柠檬黄色（通信兵）、草绿色（猎兵）、浅蓝色（驮运兵）、橙黄色（补充兵）、黑色（工程兵）。

希特勒掌权后，随着军队的扩充，新兵种不断加入，到1945年二战结束时第三帝国国防军兵种色已经增加到16种，涉及的兵种科目更增加到上百种。这时兵种色已经发展到了一个极限，可以说从此以后不会有哪个国家会采用如此复杂庞大的兵种制度了。这也证明了兵种色退出历史舞台的必然性。

陆军兵种色如下。

兵种	兵种色	兵种	兵种色
步兵	白色	装甲部队	粉红
炮兵	红色	骑兵、自行车侦察兵	金黄色
通信兵	柠檬黄色	工兵	黑色
技术官	灰蓝色	步枪兵	草绿色
山地部队	绿色	机械化部队	橙色
补给部队	浅蓝色	牧师	紫色
狙击手	酒红色	医务人员	暗蓝色
宣传部队	灰色	参谋、兽医	深红色
宪兵	橘红色	生化兵	波尔多酒色

空军兵种色如下。

兵种	兵种色	兵种	兵种色
工兵	黑色	防空炮兵	红色
参谋	深红色	空军步兵	草绿色
医务人员	暗蓝色	通信兵	金褐色
飞行队、伞兵	金黄色	机师	粉红色
飞行导航	绿色	宪兵	橙色
将官、戈林师	白色	补给部队	浅蓝色

武装党卫军兵种色如下。

兵种	兵种色	兵种	兵种色
工兵	黑色	医师	暗蓝色
补给部队	浅蓝色	侦察兵	铜褐色
装甲部队	粉红色	新兵	橙色
炮兵	红色	步兵	白色
骑兵	金黄色	通信兵	柠檬黄色
将官、高级军官	灰色	集中营	褐色
特别行动队	橙色	军政官	天蓝色
军事法庭	深紫红色	兽医	深红色
技术人员	红色、灰色	将官、领袖卫队	灰色
军事地质	肉色	步枪兵	深绿色
元首护卫队	暗灰色	运输兵	浅粉红色
宪兵	橘红色	山地部队	绿色

5.5 陆军作战部队标志

二战时期，德国陆军部队的标志可谓五花八门。事实上，它们并没有具体的设计规则，许多标志是依据所在部队番号或是指挥官偏好来确定的，甚至曾出现士兵即兴绘制的情况。还有一部分因在某区域参加过作战而把地名作为该部队标志。一般来说，此类标志属于非正规的识别性符号。大多时候，仅用在车辆、重型武器以及路向指示牌上。由于篇幅所限，本部分仅选择了部分最具代表性的标志。

5.5.1 集群、集团军标志

第1装甲集群

第2装甲集群

第3装甲集群

第4装甲集群

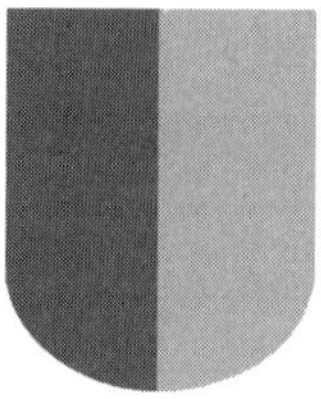
第2集团军

第3装甲集团军

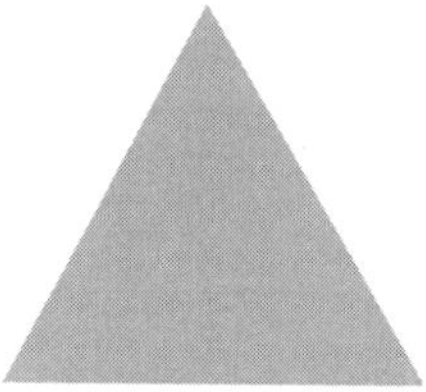
第4集团军

第6集团军

第7集团军

第10集团军

第14集团军

第16集团军

第17集团军

第18集团军

第20山地集团军

5.5.2 军标志

第1军

第1骑兵军

第2军

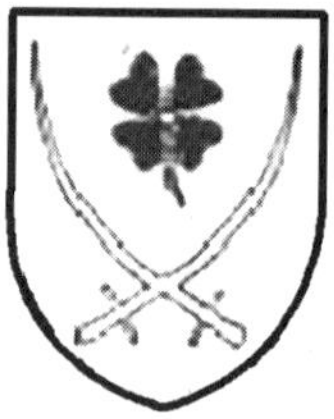
第4装甲军

第5军

第6军

第9军

第10军

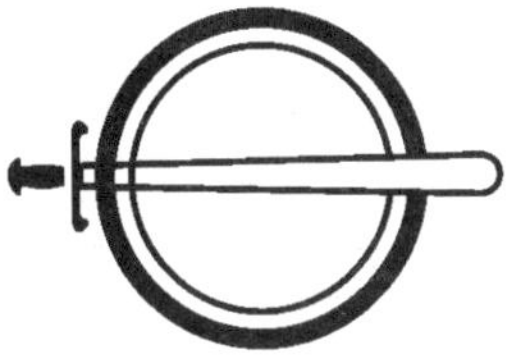
第14装甲军

第16军

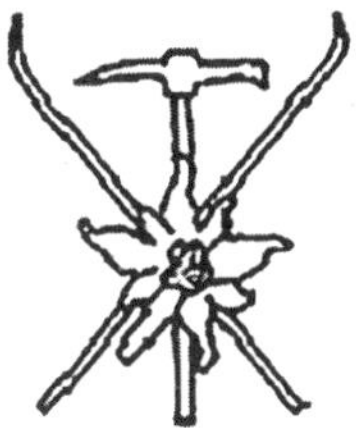
第18山地军

第19山地军

第26军

第30军

第36山地军

第38军

5.5.3 师标志

第1山地师

第2山地师

第4山地师

第5山地师

第1步兵师

第6步兵师

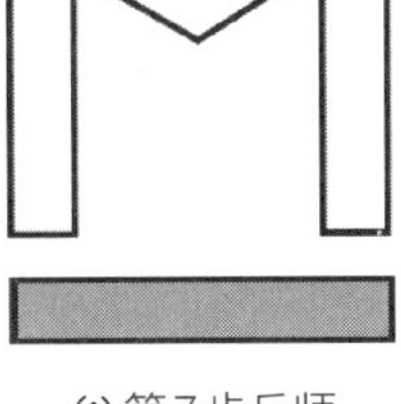
第7步兵师

第9步兵师

⊕ 第2摩托化步兵师

⊕ 第13摩托化步兵师

⊕ 第16摩托化步兵师

5.5.4 重装甲营标志

⊕ 第501重装甲营

⊕ 第502重装甲营

⊕ 第503重装甲营

⊕ 第508重装甲营

⊕ 第509重装甲营

⊕ 第510重装甲营

5.6 武装党卫军部队标志

二战爆发后，武装党卫军得到迅速发展。在希姆莱的努力下，武装党卫军逐渐成为拥有多个师团的纳粹亲信武装力量。以下的标志从侧面反映了当时武装党卫军的信仰来源——古代北欧神话、德意志容克传统、纳粹思想，以及一些仆从国或占领国的传统信仰。所有图形均附在一个盾形标志里。这些盾形标志本身也具备各种含义：如缺口在左代表装甲掷弹兵，右边代表装甲部队，中间代表骑兵部队或山地部队，而没缺口则代表一般的掷弹兵部队。

⊕第1“阿道夫·希特勒警卫旗队”装甲师

⊕第2“帝国”装甲师

⊕第3“骷髅”装甲师

⊕第4“警察”装甲掷弹兵师

⊕第5“维京”装甲师

⊕第6“北方”山地师

⊕第7“欧根亲王”志愿山地师

⊕第8“弗洛里安·盖依”骑兵师

5.7 勋章与奖章

二战时期，德军对表现优秀的部队和个人的奖励主要为勋章、荣誉奖励、纪念章以及各种军服上的装饰品等。希特勒本人拥有德军所有荣誉奖励的授予权，但是在战争时，军事荣誉的授予权常会根据奖励内容而下放到各级指挥官的手中。不过，骑士铁十字勋章以上的奖励在多数时候仍然需要通过希特勒本人和武装部队司令部来授予。

5.7.1 勋章

5.7.1.1 铁十字勋章

铁十字勋章是由普鲁士国王腓特烈·威廉三世建立的军事勋章，源自条顿骑士的一种手持十字架饰物，于1813年3月10日首次颁发，之后逐渐成为德国文化中最有力的军事象征。铁十字勋章曾经在拿破仑战争、普法战争、一战以及二战等多次德国参与的会战中颁发。在二战期间，铁十字勋章主要被分为三个系列——铁十字勋章、骑士铁十字勋章以及大十字勋章。

一般情况下，铁十字勋章是由部队指挥官提名授予的。二战时期，铁十字勋章发行了两种，即二级铁十字勋章和一级铁十字勋章。二级铁十字勋章用绶带悬挂在胸口，一级铁十字勋章则放在胸前的口袋里。

二级铁十字勋章颁发给在战斗中表现出一次非同寻常的勇敢行为，完成自己使命的人员，可以颁发给非德籍或非战斗人员。另外，二级铁十字勋章可升级至一级铁十字勋章、骑士铁十字勋章或更高级别的勋章。

↑ 一级铁十字勋章

↑ 二级铁十字勋章

一级铁十字勋章颁发给在战斗中表现出3～5次非同寻常的勇敢行为，完成自己使命的人员。此外，空军获得5个胜利点（击落单发战机赢得1个胜利点，双发2点，四发3点，夜间点数翻倍）或海军潜艇部队击沉5万吨位敌舰也可获得。

5.7.1.2 骑士铁十字勋章

骑士铁十字勋章通常被称作骑士勋章，用于嘉奖受勋者于战场上过人的勇气，通常只被授予获得过一级铁十字勋章的人。骑士铁十字勋章于1939年9月1日正式颁布，以填补过去德国勋章系统中最高荣誉勋章只颁给符合“战功彪炳”与“效忠皇室”这两项条件的高级军事统帅，而致使许多其他等级的军事人员无法获此殊荣的鸿沟。它的出现意味着只要在作战中有重大的战功表现，就有可能不受军阶限制而获得这种崇高的勋章。

骑士铁十字勋章的颁发标准为：被授予过一级铁十字勋章，并且继续在战斗中表现出非同寻常的勇敢行为，完成了自己的使命；海军潜艇部队击沉10万吨位；空军获得20个胜利点。骑士铁十字勋章比一级铁十字勋章更大，长宽约48毫米，其佩戴方式也与其他的勋章不同，规定的佩戴方法为吊挂在制服领口处，且特许受勋者可在情况需要时打开军服最上方的两颗纽扣以便示人。

骑士铁十字勋章共分为5级，即普通骑士铁十字勋章、橡叶骑士铁十字勋章、橡叶带剑骑士铁十字勋章、钻石橡叶带剑骑士铁十字勋章、钻石金橡叶金带剑骑士铁十字勋章。二战中，德国一共制造了7361个骑士铁十字勋章（其中43位获得者非德国人），但只颁发了890个橡叶骑士铁十字勋章（其中8位获得者非德国人）、160个橡叶带剑骑士铁十字勋章（知名获得者包括山本五十六、格特·冯·伦德施泰特、埃里希·冯·曼施坦因、米歇尔·魏特曼等）、27个钻石橡叶带剑骑士铁十字勋章（知名获得者包括埃尔温·隆美尔、瓦尔特·莫德尔、阿尔贝特·凯塞林、费迪南德·舍纳尔、埃里希·哈特曼等）、1个钻石金橡叶金带剑骑士铁十字勋章。

知识链接

钻石金橡叶金带剑骑士铁十字勋章的唯一获得者为汉斯-乌尔里希·鲁德尔（Hans-Ulrich Rudel），他是一名“斯图卡”俯冲轰炸机飞行员，被称为“东线之鹰”。在整个飞行生涯中，鲁德尔一共执行了2530次战斗任务（世界纪录），在此期间摧毁了接近2000个地面目标、13架飞机和少量军舰。

铁十字勋章

注：从左至右依次为普通骑士铁十字勋章、橡叶骑士铁十字勋章、橡叶带剑骑士铁十字勋章、钻石橡叶带剑骑士铁十字勋章、钻石金橡叶金带剑骑士铁十字勋章

5.7.1.3 大十字勋章

在领口处佩戴大十字勋章的赫尔曼·戈林

大十字勋章并不是用来奖励英勇的军人，而是专门奖励能够做出"影响战争动向最杰出决策"的参谋军官们。它实际上是一个加大的骑士铁十字勋章，具备所有骑士铁十字勋章的特征，但宽度达63毫米，远大于铁十字勋章的约44毫米及骑士铁十字勋章的48毫米，最初的设计有一条金边，但在颁发前改为银边，另外还拥有57毫米宽的饰带。与骑士铁十字勋章一样，大十字勋章也是佩戴于衣领间。

大十字勋章的唯一获得者为赫尔曼·戈林，他曾在1940年于法国、比利时和荷兰战役中成功地指挥德国空军作战。在获得大十字勋章的同时，他还被晋升为帝国元帅。在几次的官方照片里，可以看到戈林同时佩戴着他的蓝马克斯勋章、骑士铁十字勋章以及戴在衣领前的大十字勋章。

知识链接

授予戈林的大十字勋章原件（由希特勒亲自赠与）在他柏林的家中被一次空袭摧毁。戈林有一些额外的复制品，当他于1945年向同盟国投降时，还曾穿戴其中一件有白金镶边的。

5.7.1.4 战功十字勋章

战功十字勋章于1939年10月18日正式制定，共分为二级、一级、骑士和黄金骑士4个等级，授予没有直接参加战斗却对战争进程有贡献者（例如军医、炊事员、文职人员等），战斗人员获得的战功十字勋章佩有宝剑，非战斗人员获得的战功十字勋章则没有宝剑配饰，民间人士获得的战功十字勋章为圆形章。

佩剑战功十字勋章的获得标准为在任务职责中表现出英勇举动，但是并未达到获得铁十字勋章标准的军事人员，这些举动不体现在和敌人直接的交战或者指挥/计划作战行动中，不限军衔，并且不限国籍；无佩剑战功十字勋章获得标准为前线后方表现出色的军事人员及为战争进程做出贡献的民间人士，无年龄和社会等级的限制。

最初战功十字勋章严禁由铁十字勋章获得者佩戴，但是这个规定于1941年9月28日取消。当拥有一级铁十字勋章时，其战功十字勋章应佩戴在右胸，而将左胸位置留给一级铁十字勋章。

战功十字勋章

知识链接

战功十字勋章的原意是为了表彰那些没有在战场上直接面对敌人，但依然尽到了自己职责、甚至做到了超出职责范围要求的人。不幸的是，在纳粹的具体环境之下，这类勋章被大量颁发给党务人员、盖世太保、集中营看守、屠杀犹太人的特别队伍之流，以至于在德国的军事勋章中名声极臭。另外，华纳·冯·布劳恩（火箭专家）、斐迪南·保时捷（汽车工程师）、阿道夫·布特南特（1939年诺贝尔化学奖得主）等人也曾获得过战功十字勋章。

5.7.1.5 近战勋章

近战勋章于1942年11月25日正式颁行，主要授予曾经历在没有装甲车辆支援的情况下，与敌方从事近距离肉搏战的优秀战斗人员。近战勋章分3个等级，分别为铜制、银制和金制。其中铜制近战勋章主要授予曾参与15

天以上近距离肉搏战的战斗人员，超过30天则可以申请银制，金制则需累积超过50天才可领取。

近战勋章

德国空军也曾使用一款类似陆军近战勋章的空军近战勋章，用于表彰空军在地面作战中有参与近距离战斗的英勇士兵，同样分为铜制、银制和金制3个等级。

近战勋章挂于左胸口袋盖上方1厘米处，由于这个位置是用来放置勋带表的，所以如果两者同时存在，可将近战勋章放在勋带表上方。

5.7.1.6 一般突击勋章

一般突击勋章于1940年6月1日正式颁行，专为非步兵战斗人员设立。

一般突击勋章

一般突击勋章颁发给无法取得步兵突击勋章的战斗人员，只需直接或间接参与3个不同日期的步兵或装甲协同突击作战行动即可获得资格。后来，德国军方发现普通的一般突击勋章已经不能足够表彰战斗功绩高的士兵，便采用了升级方式，具体措施是在勋章底部放置战斗次数来表彰更高阶的战功，于是便从一般突击勋章发展出了代表25次、50次、75次和100次的一般突击勋章。有次数的一般突击勋章尺寸更大，但基本结构不变。

5.7.1.7 步兵突击勋章

步兵突击勋章于1939年12月20日正式颁行，专门授予在战斗中有特殊表现或功勋的步兵战斗人员。要获得步兵突击勋章的颁授资格，必须曾参与3次以上的攻击行动、武装侦察、武装搜索、近距离肉搏战，或者在战斗中持续参与前线的阵地夺回战，总数共超过3个不同时期者。正因其异常严苛的授勋标准，故被视为陆军步兵能获勋的第一个重要殊荣。

步兵突击勋章

步兵突击勋章有相应的证书，证书上载明勋章名称、受勋者姓名、阶级、职务、所属部队、授勋日期等，签名与授勋皆由团长执行。步兵突击勋章单独佩戴时都配饰于制服左胸前口袋正中间位置，若是同时需佩戴其他的勋章，则根据顺序移到中间偏左下的位置（面对授勋者而言）。步兵突击勋章有实心一体打造出来的款式，也有背面空心的款式。

5.7.1.8 战伤勋章

战伤勋章于1939年9月1日正式颁行，用于授予军方或公务人员中因公务或战斗而致伤残者，不过后来也颁发给平民。战伤勋章外形为椭圆形，橡叶圈花纹内有铜盔和交叉佩剑。

战伤勋章分有三个等级，分别为黑、银和金3种。黑色战伤勋章的颁发对象为上述人员中有因公致伤1～2次者，如果之后再受伤2次或因公受伤致截肢或失明则可获得银质战伤勋章。如果受伤达到5次或以上，及因公殉职或致重度伤残者，可获得金质战伤勋章。

战伤勋章在单独佩戴时，正确的佩戴位置是左胸前口袋正中央，不过由于其勋章等级低于铁十字勋章和其他战斗勋章，所以与其他勋章一同佩戴时，则应将其移到左胸前口袋左下角。

⇧ 战伤勋章

5.7.1.9 东部战线从战勋章

东部战线从战勋章是希特勒于1942年5月26日下令设置的，主要用于表彰1941年和1942年冬季在东部战线上参与对苏联战役的有功人员。一些后来继续留在东部战线吃尽苦头作战的德国老兵给该勋章取了一个“冻肉章”的绰号，从中可以看出德军在苏德战场作战的艰苦程度。

⇧ 东部战线从战勋章

东部战线从战勋章所颁受的人员有严格的作战地理位置限制，即乌克兰以东之地，或是1940年苏联与芬兰边界处的作战区。除此之外，还需要最少符合下列其中一项条件：曾参与武装攻击战役最少2周；在敌空域执行任务总时数超过30天的飞行人员；因公伤残，冻伤载肢已获颁战伤勋章；或在前线连续执勤达60天。

一般来说，若非正式规定要佩戴，东部战线从战勋章不会饰挂于军服上，仅以一缎带斜缝过军服的第二颗纽扣扣眼来替代。颁发时，东部战线从战勋章是包在米色的小牛皮纸袋中，随章附有两边红、中间夹白黑细线的三色缎带。

5.7.2 纪念章

5.7.2.1 纳尔维克战役纪念臂章

颁发对象是参加了1940年4月9日～6月9日挪威纳尔维克战役的人员，颁发的总数为8577人。纳尔维克战役是挪威战役中的主要战斗之一。

纳尔维克战役纪念臂章

5.7.2.2 克里米亚战役纪念臂章

颁发对象是参加了1942年克里米亚战役的德国军人，颁发的总数约10万人。克里米亚战役是苏德战争中，苏军乌克兰第4方面军和独立滨海集团军在黑海舰队和亚速海区舰队配合下，为解放克里米亚而实施的进攻战役。

克里米亚战役纪念臂章

5.7.2.3 德米扬斯克战役纪念臂章

颁发对象是参加了1942年德米扬斯克战役的军事人员，颁发的总数约100000人。德米扬斯克战役发生在莫斯科会战和斯大林格勒会战两场重大会战之间，此时双方都蓄势待发在为一场真正大战做着准备，战役最后，以德军的成功突围而告终。

德米扬斯克战役纪念臂章

5.7.2.4 库班战役纪念臂章

颁发对象是参加了1943年2～10月的保卫库班河桥头堡战斗的人员，颁发的总数不详。库班战役是苏德战争中最大的空中会战之一，而且这次空中交战与苏德双方地面部队进行的战役有着紧密的联系。

库班战役纪念臂章

5.7.2.5 拉普兰战役纪念臂章

颁发对象是参加了1944年11月～1945年5月两次拉普兰战役的人员，颁发的总数不详。拉普兰战役是德国和芬兰之间的一场对抗战，因发生在芬兰最北的省份——拉普兰而得名。

拉普兰战役纪念臂章

5.7.3 作战徽章

5.7.3.1 陆军气球观察兵作战徽章

授予对象是在东部前线乘气球进行观测的炮兵观测员，分为铜制、银制和金制3个等级，颁发的总数不详。

陆军气球观察兵作战徽章

5.7.3.2 反游击作战徽章

分为铜制、银制和金制3个等级，颁发的总数不详。铜制徽章的授予对象是参加反游击作战30天以上，或者在反游击作战中执行了30次空中支援任务的人员。银制徽章的授予对象是参加反游击作战50天以上，或者在反游击作战中执行了50次空中支援任务的人员。金制徽章的授予对象是参加反游击作战75天以上，或者在反游击作战中执行了150次空中支援任务的人员。

反游击作战徽章

5.7.4 勋缎带表

德军拥有历史完备的勋缎带表系统，勋缎带表可清楚显示出该名军人军事生涯中每一阶段的所有成就，甚至还包括从军前参加各组织的记录。每一个勋章都由一款特殊花纹的缎带来表示，所有的勋带都有着严格的位置排列。其基本的顺序以勋缎带表正面从左到右依次为：军事作战中代表英勇的勋章、与战斗有关的勋章、非军事的英勇表现勋章、服务章、占领区章、市民勋章和外国勋章。

铁十字勋章对应的缎带

注：上方为一级铁十字勋章，下方为二级铁十字勋章

陆军元帅威廉·凯特尔左胸前佩戴着勋缎带表

5.8 身份识别牌

新入伍的德军士兵能领到一个识别身份牌，这种在美军里被称作“狗牌”的物品为一椭圆形金属制品，通常使用锌或铝制造，上面用机械工艺刻印了编号，上下部分分别有三个圆形小孔和分裂口，其作用是：并列两孔为佩戴时穿系挂绳用，平时由士兵戴在脖子上，如果在作战中死亡，则由其队

长或同伴通过分裂口将另一半掰下，并将若干个铝牌通过另一个圆孔用绳索串在一起，以供战斗结束后做伤亡数字统计。而留在身上的半个身份牌为战斗结束后遗体识别所用。

与美军身份识别牌比较，当时德军做得并不科学，身份识别牌上既无姓名，也无出生地和血型等信息，仅有单位、编号（个别有性别、年龄——不是出生日期），而且取下时必须掰开，非常麻烦。

此外，还有一种宪兵使用的身份识别牌，国防军和武装党卫军的宪兵在执勤时挂戴在颈下，42节的金属链，轻重两种可选，通常也使用锌或铝制造。在牌正面的鹰徽、文字上均上有荧光漆，以便在夜间能醒目识别，德文Feldgendarmerie意为野战宪兵队。

㊤ 武装党卫军的身份识别牌

㊤ 已掰开的德军身份识别牌

第6章

后勤支援

——单兵口粮和战地用具

除了各式轻武器和作战装备，各种战地用具和单兵口粮也是战场上必不可缺的装备。本章主要介绍二战时期德军使用过的各类单兵用具，以及战时的典型单兵口粮。

6.1 单兵口粮

6.1.1 二战前夕

中国有句古话“兵马未动，粮草先行”，极言后勤补给的重要性，这句话在现代战争中同样适用。在德国军队中，士兵的伙食有着严格的标准，以确保营养的均衡性。以下是1936年时一名德国士兵一周的食谱范例。

日期	早餐	定量	午餐	定量	晚餐	定量
周一	咖啡	10克	米粥	20克	咖啡	10克
			红烧牛肉和脂肪	130克/20克	炼乳	50克
			咸土豆	1500克	肝肠	100克
			蔬菜沙拉	200克		
周二	咖啡	10克	面汤	20克	茶叶	2克
			小牛肉和脂肪	140克/20克	糖	50克
			咸土豆	1500克	黄油	50克
			胡萝卜炖青豆	200克	奶酪	100克
周三	咖啡	10克	面条汤	20克	咖啡	10克
			烤肉饼和脂肪	140克/20克	人造奶油	50克
			咸土豆	1500克	鸡蛋	3个
			菠菜炖熏肉	200克		
周四	咖啡	10克	米粥	20克	咖啡	10克
			猪排和脂肪	140克/20克	炼乳	50克
			咸土豆	1500克	熏肉肠	100克
			腌黄瓜	1根		
周五	咖啡	10克	罐头蔬菜	30克	茶叶	2克
			烤牛肉和脂肪	140克/20克	糖	50克
			咸土豆	1500克	黄油	50克
			甘蓝	200克	荷兰奶酪	100克
周六	咖啡	10克	豌豆汤	170克	咖啡	10克
			烤牛肉和脂肪	140克/20克	人造奶油	50克
			咸土豆	800克	橄榄油沙丁鱼	1罐
			精制熏肉	120克		
周日	咖啡	10克	牛奶浓汤	20克	可可	20克
			猪肉泥和脂肪	140克/20克	糖	50克
			咸土豆	1500克	黄油	50克
			苹果泥	200克	香肠	100克

上表中，早餐和晚餐的饮料配量是指其中固态物质量，而不是指饮料溶液的总量。汤（粥、面条）等的配量指的是其中耐饥固态物的质量，不包括肉酱、香料等调味料。此外，每个士兵每天还可以得到750克的面包，作为早餐和晚餐的主食，早餐通常还会配有人造奶油以及果酱之类的副食。每名士兵一天的伙食标准在1.35～1.5德国马克之间。按现在的标准，当时德军士兵的新鲜水果、蔬菜和奶制品的配给量严重不足。

6.1.2 二战时期

二战爆发后，德军步兵平时的每日伙食标准为：黑面包700～750克、肉类200～300克或香肠160克（也可为干鱼或乳酪150克）、土豆320克、豆类80克、生菜或水果250克、果酱、蜂蜜或果仁面团15克、炼乳15克、奶粉或咖啡10克、糖10克、黄油类60克、盐类25克、调料15克、巧克力或糖块40～50克，香烟7支或相应的烟丝与纸。

每日野战标准为：黑面包700～750克、罐头肉200～300克（也可为香肠与干酪160克，或腌菜150克、脱水菜50克）、调味料（盐与香料）一包、咖啡5克、糖5克、糖块20克、烟6支。另外，也有用250克一块的饼干代替黑面包的。

与苏联红军外的其他盟军军队不同，德国国防军从普通士兵到总参谋部的高级将领的伙食标准都是相同的，也就是说上下一致，一视同仁，只会有极少数特殊情况。战争期间，供在一线作战的德军士兵食用的食品应在24小时内借助夜色的掩护送达前线，即使是在十分困难的情况下也不能中断。运输兵在运送食物的同时，也会取走士兵们写好的家信。1944年起，德军补充兵部队的伙食标准被降低，但食物总量并没有减少，只是肉类和脂肪的比重降低了，取而代之的是土豆和蔬菜。

⊕东线战场上正在进食的德军士兵

虽然德军后勤体系较为完备，但战争时期始终存在许多不确定的因素。因此，德军为士兵提供了携行军粮。这是供士兵在战斗间歇食用的特殊包装应急食品，每个士兵配有两个全份携行军粮，由野战厨房或辎重部队的车辆携带。一个全份携行军粮包括：250克饼干、200克肉罐头、150克罐头汤（浓汤或者罐头香肠）、20克咖啡（脱水包装）。

ⓘ德军山地部队正在煮制食物

每个作战中的士兵还可领取一份“快食携行军粮”，供士兵在无法正常按时就餐的情况下食用，但未经许可不得食用这种快食携行军粮。这种军粮包括250克饼干（纸包装）和200克肉罐头（铁盒包装），一般由士兵自己携带，装在杂物包或面包袋内。

ⓘ国防军士兵正在食用携行军粮

1942年后，德军还出现了只供应一线部队的成品口粮。第一种为大型野战口粮，包括巧克力或黄油块100克、甜饼干或果仁条100克、4～6支香烟。第二种被称为近距战斗口粮，包括巧克力100克、黄油硬糖或薄荷糖20克、香烟6支。最后一种为专门配发山地步兵与伞兵部队的小块食品，3块一包，每包大概30克左右，由糖、黄油块、果仁和可可等组成。

ⓘ配发给山地步兵与伞兵部队的小块食品

6.2 战地用具

二战期间，德军士兵携带的战地用具主要包括：进食工具，如1938式便当盒、1941式便当盒、1938式德军标准水壶、医疗兵水壶、北非军团水壶、铝合金咖啡杯、野战炉、打火机、火柴等；急救工具，如急救包扎三角巾、野战绷带罐等；背包，如1941式帆布背包、山地部队大型背包、北非军团杂物袋等；其他特殊工具，如冰斧、工兵铲、伞兵重力刀等。除此之外，德军甚至还配发了烟灰缸。

M30型防毒面具及其面具筒

值得一提的是，德军还为士兵配备了防毒用具，如M30型防毒面具和芥子气防护布袋等。M30型防毒面具是二战德军非常有代表性的装备之一，配有金属制防毒面具筒。在一战中，各个参战国深受毒气战的危害，随后便大量装备防毒面具。但是在二战中，其实并没有出现大面积的毒气战，因此防毒面具的使用频率比较低，但是德军一直把它作为必备的单兵装备，配合防芥子气防护布袋一同发放到士兵手中。

芥子气为糜烂性毒剂，各种战斗状态（蒸汽、雾态和液态）的芥子气接触人体的皮肤、眼、呼吸道、消化道引起不同程度的损伤，较大剂量芥子气经皮肤、呼吸道、消化道吸收后可致全身吸收中毒。德军在一战中首先在比利时的伊普尔地区对英法联军使用芥子气武器，并引起交战各方纷纷效仿。当时身为巴伐利亚步兵班长的希特勒作为参战士兵曾被英军的芥子气炮弹毒伤，眼睛暂时失明。据统计，在一战中共有12000吨芥子气被消耗于战争用途；因毒气伤亡的人数达到130万，其中88.9%是因芥子气中毒。深知芥子气危害的德军在二战时期也为士兵配备了芥子气防护布袋，作为标准单兵装备发放。

随身携带M30型防毒面具、水壶的德军士兵

二战兵器
图鉴系列

参考文献

REFERENCES

[1] 哈斯丘. 对比与反差：二战经典武器[M]. 北京：机械工业出版社，2013.

[2] 唐克人. 世界权威枪械面面观：步枪[M]. 北京：中国人口出版社，2009.

[3] 莱茵. 机枪史话[M]. 北京：东方出版社，2011.

[4]《深度军事》编委会. 二战尖端武器鉴赏指南[M]. 北京：清华大学出版社，2014.

[5] 铁血图文. 二战武器制造商大观[M]. 北京：人民邮电出版社，2014.